普通高等教育"十四五"系列教材

地质与水文地质
实习指导

陈军锋　杨军耀　赵志怀　张志祥　陈攀　编著

中国水利水电出版社
www.waterpub.com.cn
·北京·

内 容 提 要

　　本书是作者在多年野外综合教学实习的基础上编写的,共分 4 章。第 1 章介绍地质罗盘仪的使用、地形图和地质图的阅读与应用、信手地质剖面图的绘制、地质素描图的绘制及野外调查和记录的基本工作方法;第 2 章介绍实测地层剖面和野外地质填图的基本理论;第 3 章介绍实习目标要求和路线;第 4 章介绍实习区的地质环境条件。

　　本书可供水文与水资源工程、地下水科学与工程、资源与环境等专业的师生实习使用,也可供在山西省交城县水峪贯地区实习的兄弟院校其他相关专业实习参考。

图书在版编目（ＣＩＰ）数据

地质与水文地质实习指导 / 陈军锋等编著. -- 北京:
中国水利水电出版社, 2021.4
普通高等教育"十四五"系列教材
ISBN 978-7-5170-9601-6

Ⅰ. ①地… Ⅱ. ①陈… Ⅲ. ①地质学-实习-高等学校-教材②水文地质-实习-高等学校-教材 Ⅳ. ①P5-45②P641-45

中国版本图书馆CIP数据核字(2021)第097415号

书　　名	普通高等教育"十四五"系列教材 **地质与水文地质实习指导** DIZHI YU SHUIWEN DIZHI SHIXI ZHIDAO
作　　者	陈军锋　杨军耀　赵志怀　张志祥　陈攀　编著
出版发行	中国水利水电出版社 (北京市海淀区玉渊潭南路 1 号 D 座　100038) 网址:www. waterpub. com. cn E - mail: sales@ waterpub. com. cn 电话:(010) 68367658 (营销中心)
经　　售	北京科水图书销售中心 (零售) 电话:(010) 88383994、63202643、68545874 全国各地新华书店和相关出版物销售网点
排　　版	中国水利水电出版社微机排版中心
印　　刷	北京印匠彩色印刷有限公司
规　　格	184mm×260mm　16 开本　6.5 印张　159 千字
版　　次	2021 年 4 月第 1 版　2021 年 4 月第 1 次印刷
印　　数	0001—2000 册
定　　价	**25.00 元**

前　言

　　水文与水资源工程专业综合教学实习是水文与水资源工程和地下水科学与工程等专业在完成学科基础课和基本的专业基础课的教学之后，通过野外实地教学与实习进行水文、地质、水文地质、环境地质等相关课程的综合实习，旨在培养学生综合运用专业知识进行问题分析和解决实际工程问题的能力，为学生进一步独立分析和解决工程实践问题奠定基础。

　　实习活动是在山西省交城县水峪贯镇太原理工大学地学实习基地进行的，该实习基地可住宿和炊饮，为国内多所高校的实习提供了便利。山西省交城县水峪贯镇距太原市约 80km，该区地层由老到新发育齐全，岩层露头良好，各种地质构造现象丰富，有完好的背向斜褶曲和断裂形迹，有岩浆侵入岩及矽卡岩型铁矿、煤矿，是理想的地学实习场所。在十多年的本科教学实习过程中，实习队教师积极收集和积累教学实习素材，共同编写了本书。本书由太原理工大学陈军锋（第 2 章）、杨军耀（第 4 章）、赵志怀（第 3 章）、张志祥和陈攀（第 1 章）编著，陈军锋统稿。

　　本书获得水文与水资源工程"国家一流专业"建设和太原理工大学教学改革项目的支持，在此深表感谢！本书编写过程中，研究生刘磊、杜文杰和刘程在绘制图件上给予了大力帮助，太原理工大学地学实习基地的有关负责人给予实习大力支持，在此一并感谢！因时间和水平有限，书中不当之处在所难免，敬请广大读者提出宝贵意见。

编　者

2020 年 10 月

目 录

第1章 基 本 方 法

1.1 地质罗盘仪的使用

地质罗盘仪（罗盘）是水文与水资源工程专业进行野外工作必不可少的一种工具，可以定出方位、确定位置，测量地质体产状（如岩层层面、褶皱轴面、断层面、节理面等构造面的空间产出状态和方位）、山的坡度及草测地形图等。对于野外地质和水文地质工作者来说，必须具备正确使用地质罗盘仪的基本技能。

1.1.1 罗盘的基本构造

地质罗盘仪一般都由磁针、磁针制动器、刻度盘、测斜器、水准器和瞄准器等几部分组成，并安装在一个非磁性物质的底盘上。

1.1.2 使用前的准备工作

1. 检查

使用罗盘所测的各种数据是否准确，除了个人操作水平之外，主要取决于地质罗盘的质量。因此在正式开展工作之前，需要对地质罗盘进行检查。首先应检查罗盘的各种零部件是否齐全，然后检查各零部件的功能是否正常。检查的内容主要包括以下几项。

（1）打开罗盘的上盖，松开制动器，检查磁针的灵敏度。磁针的灵敏度表现在当把罗盘放平时（即圆形水准气泡居中），磁针经摆动后较快静止，并指向南北。当左右摆动罗盘方向后，如果磁针随罗盘同步移动，则表明磁针不灵敏。

（2）检查水准气泡。正常水准气泡应小于玻璃上的小圆圈，以便准确判断水准气泡是否居中。当水准气泡大于玻璃上的小圆圈时，准确度不高；无水准气泡时，说明该罗盘不能使用，应立即更换。

2. 磁偏角的校正

因为地磁的南、北两极与地理上的南北两极位置不完全相符，即磁子午线与地理子午线不相重合，地球上任一点的磁北方向与该点的正北方向不一致，这两方向间的夹角叫作磁偏角。

地球上某点磁针北端偏向正北方向的东边称为东偏，偏向西边称西偏。东偏为正（＋），西偏为负（－）。

地球上各地的磁偏角都按期计算，公布以备查用，如山西太原磁偏角为 $4°11'W$。若某点的磁偏角已知，则一测线的磁方位角 $A_磁$ 和正北方位角 A 的关系为：$A=A_磁\pm 磁偏角$。为工作上方便，可以根据上述原理进行磁偏角校正，磁偏角偏东时，转动罗盘外壁的刻度螺丝，使水平刻度盘顺时针方向转动一磁偏角值则可（若西偏时则逆时针方向转动）。

经校正后的罗盘，所测读数即为正确的方位。

1.1.3　罗盘的应用

1. 测定方位角

方位角是指从子午线顺时针方向至测线的夹角。对方向或目标物的方位进行测量时，即测定目的物与测者两点所连直线的方位角。首先放松磁针制动小螺钮，打开对物觇板并指向所测目标，即用罗盘的北（N）端对着目的物，南（S）端靠近自己进行瞄准。使目的物、对物觇板小孔、盖玻璃上的细丝三者连成一直线，同时使圆形水准器的气泡居中，待磁针静止时，指北针所指的度数即为所测目标的方位角。

刻度盘分内（下）和外（上）两圈，内圈为垂直刻度盘，专作测量倾角和坡度角之用，以中心位置为 0°，分别向两侧每隔 10° 一记，直至 90°。外圈为水平刻度盘，其刻度方式有两种，即方位角和象限角，随不同罗盘而异，方位角刻度盘是从 0° 开始，逆时针方向每隔 10° 一记，直至 360°。在 0° 和 180° 处分别标注 N 和 S（表示北和南）；90° 和 270° 处分别标注 E 和 W（表示东和西）。象限角刻度盘与它不同之处是 S、N 两端均记作 0°，E 和 W 处均记作 90°，即刻度盘上分成 0°～90° 的 4 个象限。

必须注意：方位角刻度盘为逆时针方向标注。两种刻度盘所标注的东、西方向与实地相反，其目的是为了测量时能直接读出磁方位角和磁象限角，因测量时磁针相对不动，移动的却是罗盘底盘。当底盘向东移，相当于磁针向西偏，故刻度盘逆时针方向标记（东西方向与实地相反）所测得读数即所求。在具体工作中，为区别所读数值是方位角或象限角，可按下述方法区分：如在方位角刻度盘上读作 285°，则记作 NW285° 或记作 285°，在象限角刻度盘上读作北偏西 75°，记作 NW75°。象限角与方位角之间关系换算见表 1.1。

表 1.1　　　　　　　　　　　　象限角与方位角之间关系换算表

象限	方位角 $A/(°)$	象限角（γ）与方位角（A）之关系	象限名称
I	0～90	$\gamma = A$	NE 象限
II	90～180	$\gamma = 180° - A$	SE 象限
III	180～270	$\gamma = A - 180°$	SW 象限
IV	270～360	$\gamma = 360° - A$	NW 象限

2. 测定岩层产状要素

岩层的空间位置决定于其产状要素，岩层产状要素包括岩层的走向、倾向和倾角（图 1.1）。

（1）岩层走向的测量。岩层走向是岩层层面与水平面相交线的方位，测量时将罗盘长边的底棱紧靠岩层层面，当圆形水准器气泡居中时读指北针或指南针所指度数即所求（因走向线是一直线，其方向可向两边延伸，故读南、北针均可）。

（2）岩层倾向的测量。岩层倾向是指岩层向下最大倾斜方向线（真倾向线）在水平面上投影的方位。测量时将罗盘北端指向岩层向下倾斜的方向，以南端短棱靠着岩层层面，当圆形水准器气泡居中时，读指北针所指度数即所求。

（3）岩层倾角的测量。岩层倾角是指层面与假想水平面间的最大夹角，称真倾角。真倾角可沿层面真倾斜线测量求得，若沿其他倾斜线测得的倾角均较真倾角小，称为视倾

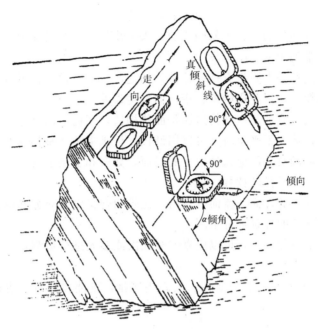

图 1.1 岩层产状要素

角。测量时将罗盘侧立，使罗盘长边紧靠层面，并用右手中指拨动底盘外之活动扳手，同时沿层面移动罗盘，当管状水准器气泡居中时，测斜指针所指最大度数即岩层的真倾角。若测斜器是悬锤式的罗盘，方法与上面基本相同，不同之处是右手中指按着底盘外的按钮，悬锤则自由摆动，当达最大值时松开中指，悬锤固定所指的读数即岩层的真倾角。

（4）岩层产状的记录方法。如用方位角罗盘测量，测得某地层走向是 330°、倾向为 240°、倾角为 50°，记作 330°/SW∠50°，或记作 240°∠50°（即只记倾向与倾角即可）。如果用方位角罗盘测量但要用象限角记录时，则需把方位角换算成象限角，再作记录。如上述地层产状其走向应为 $\gamma = 360° - 330° = 30°$，倾向 $\beta = 240° - 180° = 60°$。其产状记作 N30°W/SW∠50°，或直接记作 S60W∠50 则可。在地质图或平面图上标注产状要素时，需用符号和倾角表示。首先找出实测点在图上的位置，在该点按所测岩层走向的方位画一小段直线（4mm）表示走向，再按岩层倾向方位，在该线段中点作短垂线（2mm）表示倾向，然后，将倾角数值标注在该符号的右下方。

1.1.4 使用注意事项

在野外使用地质罗盘时，有以下几点需要注意的事项。

（1）罗盘不使用时一定要装在特制的皮盒内，最好系在腰带上，养成用完放回的习惯，避免遗忘或者损坏。

（2）磁针制动器的旋紧或松开一定要轻，以防顶针尖受损而降低磁针灵敏度。罗盘用完应及时旋紧制动器，避免顶针受振动而磨损。

（3）严防罗盘被摔、碰、振，避免磁针失去磁性，或磁针和顶针震断，玻璃盖及反光镜破碎等。

（4）严防罗盘被水浸雨淋，避免磁针和顶针氧化生锈不能灵活转动。如果罗盘受到水浸雨淋，需及时拆开拭干后放在阴凉通风处，待完全干燥后再行装上。

（5）罗盘不能在强烈的日光下暴晒或放在火旁烘烤，否则易使内部金属元件骤然膨胀发生误差，或使水准泡中的乙醚挥发。

（6）测量时应避免测点附近有铁制器件，如地质锤、铁镐、铁锹等，矿井下应避免金属支架，铁轨、电缆等，以免影响磁针指向而发生误差。

（7）要准确识别所测的是线状构造还是面状构造，当构造面有覆盖物时，应进行清理后再进行测量；当构造面不平整时，可以用纸板、记录本等平整物放在所测面上，然后在平整物上量测。一般倾斜岩层应选择向上的层面，如有和上层平行且暴露良好的向下层面也可以测量，但需注意罗盘的读数。

（8）对于节理面、劈理面、流面等，由于比较闭合又没有充分暴露出来，沿流面插入硬纸片，然后在硬纸片的外延部分量测。

（9）为准确测量各种要素，可以反复多测几次或多人进行量测，取其平均数作为实测结果。

（10）野外测量岩层产状时需要在岩层露头测量，不能在转石（滚石）上测量，因此要区分露头和滚石。

1.2　地形图的阅读与应用

地形图是表示地形、地物的平面图件，是用测量仪器把实际地形、地物测量出来，并用特定的方法按一定比例缩绘而成的，它是地面上地形和地物位置实际情况的反映。地形图对野外地质和水文地质工作具有重要意义，也是野外实习必不可少的资料。通过阅读地形图，可对一个地区的地形、地物、河流、水系等自然地理情况有初步的了解，甚至能初步分析判断某些地质情况。地形图还可以帮助我们初步选择工作路线，制订工作计划。此外，地形图是地质图的底图，没有地形图做底图的地质图是不完整的地质图，它不能全面客观反映地质构造现象。因而在野外工作之前，要熟悉地形图的相关知识，并会正确使用地形图。

1.2.1　地形图的基础组成

1. 基本组成

一幅正规地形图由图名、图号、比例尺、内外图廓、接图表、坡度尺、三北方向线、图面内容（地形与地物）和图例等部分组成。地形图的比例尺分为大比例尺（≥1∶1万）、中比例尺（<1∶1万，>1∶25万）和小比例尺（≤1∶25万）。

2. 坐标

地面点的位置由坐标和高程表示。坐标是地面点沿着铅垂线在投影基准面（大地水准面、椭球面或平面）上的位置；高程是地面点沿着铅垂线到投影面的距离。

大地坐标：即地理坐标，用经纬度表示在图纸的 4 个边线上，即在外图廓和与外图廓紧邻的细实线之间，用短线条划分到"分"，两端写上完整的数值。经纬度只在图纸边线上标记，图纸内部没有，因此用经纬度在图上找点并不方便。

直角坐标：正规地形图采用高斯直角坐标，以赤道线为横轴（Y 轴），向东 Y 值增大，

向西 Y 值减小；以中央子午线为坐标纵轴（X 轴），X 值由赤道向北增大，即图上某点的 X 值表示该点到赤道的直线距离。中小比例尺地形图上的坐标线构成所谓的"公里网"，即一格代表 $1km^2$，$1:5$ 万图上公里网每格长宽各 $2cm$，$1:2.5$ 万图上则变成 $4cm$。密集的坐标线很适合在图上量算、确定方向和点位。

1.2.2　地形图的阅读

阅读地形图的目的是了解、熟悉工作区的地形和地物的各个要素及其相互关系，包括山、水、村庄、道路等地物。阅读地形图，不仅要熟悉地形图的数学要素、图式符号和辅助要素的内容和意义，也要会运用地形图进行分析。等高线属于闭合曲线，不在此处闭合必在他处闭合。闭合的等高线代表山顶或盆地，小圈比大圈高就是山，反之就是盆地。弯曲的等高线凸向高处是山谷，凸向低处就是山脊。一系列平直的等高线构成山坡，相邻两个山顶之间为鞍部，等高线稠密说明坡度大，反之地形平坦。等高线突然中断之处为陡坎或峭壁。等高线相交之处必为悬崖。地形图的阅读一般将以下几个要素联系起来综合分析。

1. 图名及说明要素

图名一般是以全区较大的居民地命名的，它对了解区域特征有重要意义。说明要素包括地形图的比例尺、测图（编图）时间、成图方法、基本等高距、平面和高程坐标系统以及图式符号说明等。

2. 自然地理要素

自然地理要素主要是指水系、地形和土质植被。从水系分布、等高线的疏密、图形特征和地形点的高程注记，可判断地形的一般形态和类型是平原、丘陵还是山地，进而研究其分布特征，如山体的形状，地面倾斜状况，山坡的坡度，山谷的形态、宽度和深度等。地形的分布特征和水系的分布有直接关系，如全区的地形特征是东高西低，则水系的分布、流向与其一致。阅读水系时应注意分析制图区域的水网密度、各河流主流与支流的关系、河流的发育阶段、河流平面结构类型、河床宽度和水量等。对于植被，主要是了解它们的分布特征、分布范围、面积大小等。

3. 社会经济要素

社会经济要素主要是对居民地和交通线的分析，居民地的分析包括类型、行政意义、分布密度等。城市型的居民地，在大比例尺地形图上，街道整齐，有工厂、学校、公园等各种设施；农村型的居民地总的特征是房屋比较分散。对于交通线，则主要分析道路的种类，如铁路、公路、大车路的分布以及与居民地之间的联系状况等。

土地利用状况如工农业用地的分布特点、面积大小、农业用地占总面积的百分比等，也是阅读的重要内容。它反映一个地区的经济发展水平、经济发展条件以及对自然资源的利用状况。

1.2.3　地形图的室内应用

1. 长度量测

（1）直线长度量测。先用两脚规截取图上两点间距，然后移到本图的直线比例尺上量比，便可读出长度。这种方法可以不受纸张变形的影响。

（2）曲线长度量测。在工作中经常用到，如河流、海岸线、道路等多为曲线。量测曲线的方法主要有两脚规法和曲线计法。

两脚规法：利用有微调螺旋的弹簧两脚规，脚距张开 1～4mm，沿着欲测的曲线从一端开始进行连续量测，直到终点；最后如有距终点不足一个脚距的线段，可用微分尺量出。然后用两脚规截取的次数乘以脚距所代表的实际长度，再加上最后用微分尺量出的长度，就得到曲线长度。

曲线计法：曲线计是量测曲线长度的仪器，顶端有一个可以自由转动的小齿轮，小齿轮沿曲线滚动时，字盘上的指针也随之转动，根据指针可以在字盘上读出小轮转动的距离，字盘上有几种比例尺的分划，可以依地图比例尺选用。用曲线计量测曲线时，先将曲线计的齿轮对准曲线的起点，依字盘上的指针读出起始数；再使曲线计垂直地沿曲线滚动，直到终点，读出终了读数。终了读数减去起始读数，即为曲线长度。曲线计量测曲线的精度较低，只适用于较平缓的曲线。

2. 面积量测

（1）方格法。用以毫米为单位的透明方格纸或薄膜方格片盖在欲量测的图形上，先读出图形内完整的方格数，然后用目估，将不完整的方格凑成完整的方格数，把整方格数相加，再乘以每个方格所代表的面积，即得所求的面积。这种方法简便，但若边缘方格凑整太多，目估精度不高。

（2）梯形法。用绘有 2mm 平行直线的透明模片盖在欲量测的图形上，使图形上下边缘两点位于模片的平行线之间，则整个图形被平行线切成许多等高梯形，量测各条中线长度，将其和乘以平行线间距，即可得图形面积，再按比例尺换算为实地面积。

（3）公里网格法。在地形图上量测面积，可以根据图上的方里网计算，不足一个网格的，可采取加密的小网格来计算。

3. 确定地面点的高程

根据地形图中等高线的高程注记，可确定任一点的高程。如果所使用的地形图上注明等高距，则可根据已知的高程注记（或高程点注记）确定图上任一等高线的高程。如果图上没注明等高距，则需根据图上的高程注记，求算出等高距，然后再求算点的高程。

4. 坡度量测

在地形图上量测坡度使用的是坡度尺，在标准地形图的下方一般都有坡度尺。地面 A、B 两点间的坡度角与两点间的水平距离 D 和高差 h 之间具有下列关系：$\cot\alpha = D/h$。因此只要知道两点间的水平距离和高差，便可以求得两点间的坡度。

5. 圈定汇水界线

修建水库或道路、桥涵等水利工程需要确定汇水面积（有多大面积的雨水或雪水向这个河谷或谷地里汇集），可先在地形图上绘出围绕河谷或谷地的各个山岭的山脊线，然后再将相邻的山脊线连接起来，这就构成了汇水面积的界线。有了汇水面积界线，便可在地形图上量算汇水面积，根据水文资料可计算出汇水区水量。

6. 绘制地形剖面图

为了更直观地了解和判断已知方向线上某一区间的地势起伏情况，以及地面点的通视情况，往往需要依据等高线绘制剖面图。基本绘制步骤为：在地形图上选出需要了解的区间并定出两端点，绘出剖面线，也可定出多点绘成剖面折线；规定剖面图的水平比例尺和垂直比例尺，为了突出地势陡缓情况，通常垂直比例尺比水平比例尺大 5～20 倍；在图纸上或方格纸上绘一条水平线，在地形图上沿剖面线量各段的距离，按剖面图的水平比例尺将量出的各段距离转到水平线上即可得到多个点，通过各点做垂线，垂线长度是按各点高程依垂直比例尺计算出来的，将垂线各端点连成平滑曲线，注出水平比例尺、垂直比例尺和剖面线的方向，即成剖面图。

1.2.4 地形图的室外应用

在野外工作中，地形图是必不可少的工具。在进行野外工作前，要利用地形图了解工作区域的自然、社会状况，以便于制订工作计划和路线，确定工作的重点区域等；在野外工作过程中和工作结束后，要把调查的结果填绘在地形图上。地形图在野外工作中的应用包括野外定向、定点，实地对照阅读观察，专题内容的研究和地质填图等，其中定向和定点是最基本的应用。

1. 定向

在野外工作时，首先要进行地形图定向，地形图定向就是使地形图上的各地理事物与实地一致，只有这样才能根据地形图确定站立点位置，对照地形图观察地面的实际情况和进行地质填图工作。

（1）根据线状地物定向。这种方法简便，是野外考察时较常用的方法。当观察者站在某一线状地物上时，即可根据线状地物确定地形图的方向。例如，站在道路上，把地形图放平，转动地形图，使图上的道路与实地上道路方向一致。定向时要注意使地形图上道路两侧的地物与实地上道路两侧的地物保持一致。

（2）利用罗盘定向。当根据地物定向有困难或者在进行野外填图工作中对地形图定向的要求较高时，可利用罗盘进行定向。在放置地形图时，如果使地形图上的子午线与实地子午线方向一致，则地形图的方向已经确定。利用罗盘进行定向时，先要根据地形图的三北方向线图（在中、小比例尺地形图上，通常绘有地图中央一点的三个基准方向之间的关系，这种地图称为三北方向图，见图 1.2），查出该图幅范围内的磁偏角和磁坐偏角值。然后即可根据地形图上的真子午线、磁子午线或坐标纵线进行定向。

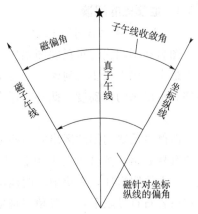

图 1.2 三北方向图

1）按磁子午线定向。地形图上南北图廓线上注出的磁南、磁北两点的连线为磁子午线，使罗盘南北方向的连线与磁子午线重合，地形图与罗盘一起转动，使磁针北端指向 0°时，地形图即已定向。

2）按真子午线或坐标纵线定向。使罗盘南北两端的连线与地形图上的真子午线或坐标纵线重合，将地形图与罗盘一起转动，当磁针北端指向相应的偏角（磁偏角或磁坐偏角）位置，此时地形图即已定向。

2. 定点

地形图定向后，要在图上找到观察者站立点在地形图上的位置（即定点），然后才能工作，定点可用下述方法确定。

（1）按明显地物定点。根据地形图上的明显地物，确定自己所在的位置。例如，如果观察者恰好在某座桥上，或一个房尾的某一位置，则可根据地形图与实地相应位置迅速定位。如果观察者不在明显地物点上，则可根据距明显地物点的距离和方位确定自己的位置。

（2）根据地形特征点定点。明显的地形点即山顶、山脊、鞍部等，观察者站在山脊上，左右两侧恰好对着沟谷，则可根据这个地形特征点确定自己所在的位置。

（3）交会法定点。

1）两点交会法：当观察者沿道路行进时，可根据道路与两侧明显地物点的位置关系，用交会法确定点位。其方法是首先将地形图定向，用直尺紧靠地形图上的标志点符号，转动直尺使之瞄准地面上的标志点，则直尺与地形图上道路的交点即为观察者所在的位置。

2）三点交会法：三点交会法也叫后方交会法，它是根据地形图和地面上相应的 3 个明显地物点进行定位。定位方法是：先将地形图定向，然后分别通过地形图上的地物符号，瞄准地面上相应的地物，向后引绘方向线，3 条方向线在图上的交点即为观察者所在的位置。

1.3　地质图的阅读与应用

1.3.1　地质图的阅读

1. 图名、图幅代号、比例尺

图名和图幅代号可反映图幅所在的地理位置信息，一幅地质图一般是以图面所包含地区中最大居民点或主要河流、主要山岭等命名。比例尺反映缩小的程度和地质现象在图上能够表示出来的精确度。此外，还应注意出版时间、制图人等。

2. 图例

图例可反映制图地区出露哪些地层及其新老顺序，一般放在图框右侧。地层一般用颜色或符号表示，按自上而下由新到老的顺序排列。每一图例为长方形，左方注明地质年代，右方注明岩性，方块中注明地层代号。岩浆岩的图例一般在沉积岩图例之下。构造符号放在岩石符号之下，一般顺序是褶曲、断层、节理及产状要素。

3. 剖面线

通过地质图相对图框上的两点画出黑色直线，两端注有 AA′或 Ⅱ′等字样，这样的直线称剖面线，表示沿此方向已经做了剖面图。

1.3.2　地质图的应用

1. 分析图内的地形特征

如果是大比例尺地质图，往往带有等高线，可以据此分析山脉的一般走向、分水岭所在位置、最高点、最低点、相对高差等。如果是不带等高线的小比例尺地质图，一般只能根据水系的分布来分析地形的特点，如巨大河流的主流总是流经地势较低的地方，支流则分布在地势较高的地方；顺流而下地势越来越低，逆流而上地势越来越高；位于两条河流中间的分水岭地区总是比河谷地区要高。了解地形特征，可以帮助了解地层分布规律、地貌发育与地质构造的关系。

2．分析地质内容

应当按照从整体到局部再到整体的方法了解图内一般地质内容。主要包括以下几点。

（1）地层分布：地层分布位置，地层之间有无不整合现象。

（2）地质构造：如褶皱是连续的还是孤立的，断层的规模大小和发育位置，断层与褶皱的关系怎样，是与褶皱方向平行还是垂直或斜交。

（3）火成岩分布：火成岩与褶皱、断层的关系。

3．分析构造的内部联系

在各个局部构造分析的基础上了解整个构造的内部联系及其发展规律，主要包括：根据地层和构造分析恢复全区的地质发展历史，地质构造与矿产分布的关系，地质构造与地貌发育的关系。

1.4　信手地质剖面图的绘制

如果是横穿构造线走向进行综合地质观察时，应绘制信手地质剖面图，它表示横过构造线方向上地质构造在地表以下的情况，这是一种综合性的图件，既要表示出地层，又要表示出构造，还要表示火成岩和其他地质现象、地形起伏、地物名称以及其他需要表示的综合性内容。

信手地质剖面图中的地形起伏轮廓是目估的，但要基本上反映实际情况；各种地质体之间的相对距离也是目测的，应基本正确；各地质体的产状则是实测的，绘图时，应力求准确。

图上内容应包括图名，剖面方向，比例尺（一般要求水平比例尺和垂直比例尺一致），地形的轮廓，地层的层序、位置、代号、产状，岩体符号，岩体出露位置、岩性和代号，断层位置、性质、产状，地物名称。

具体绘图步骤是：估计路线总长度，选择做图的比例尺，使剖面图的长度尽量控制在记录簿的长度以内，当然，如果路线长，地质内容复杂，剖面可以绘得长一些。绘地形剖面图，目估水平距离和地形转折点的高差，准确判断山坡坡度、山体大小，初学者易犯的错误是将山坡画陡了。一般山坡不超过30°，更陡的山坡人是难以顺利通过的。在地形剖面的相应点上按实测的层面和断层面产状，画出各地层分界面及断层面的位置、倾向及倾角，在相应的部位画出岩体的位置和形态。相应层用线条联接以反映褶皱的存在和横剖面的特征。标注地层、岩体的岩性花纹、断层的动向、地层和岩体的代号、化石产地、取样位置等。写出图名、比例尺、剖面方向、地物名称、绘制图例符号及其说明，如为习惯用的图例，可以省略。

从做图技巧方面来说，应注意以下3个"准确"：①地形剖面图要画准确；②标志层和重要地质界线的位置要画准确，如断层位置、煤系地层位置、火成岩体位置等；③岩产状要画准确，尤其是倾向不能画反，倾角大小要符合实际情况。此外，线条花纹要细致、均匀、美观，字体工整，各项注记的布局要合理。

1.5 地质素描图的绘制

地质素描图是从地质观察点出发，运用透视原理和绘画技巧来表达地质现象或地质作用的画幅。野外勾绘的地质素描，通常是在调查观察过程中进行的，往往要求在较短的时间内完成，一般就在自己野外记录本上用铅笔或钢笔画，不可能精工细作，故又称"地质素描草图"。

在野外所见到的典型地质现象，小的如一块标本或一个露头上的原生沉积构造、次生的构造变形（断层和褶皱）、剥蚀风化的现象，大的如一个山头甚至许多山头范围内的地质构造特征或内外动力地质现象（如冰蚀地形、河谷阶地、火山口地貌）等，均可用地质素描图表示之。素描图就是绘画，其原理就是绘画的原理，但地质素描则要考虑地质的内容，反映出地质构造形态的特征。

1. 地质素描的优越性

地质素描类似于地质摄影，但地质摄影是纯直观的反映，地质素描则可突出地质内容的重点，作者可以有所取舍。照相需要条件，地质素描则可随时进行。因而地质工作者应当学习地质素描的方法，作为进行地质调查的手段。地质素描比地质摄影优点多，地质素描除了不受天气、镜头取景范围、近景与远景的限制和比较经济等优点外，更重要的是，当我们分析某种地质现象，认为哪些特征应当强调，哪些附属物或近旁的草木对这些特征有所干扰而应当排除时，若采用摄影的办法，忠实于客观景物的复制，就会主次不分，不能突出地质内容，收不到应有的效果。若采用素描技术处理，则完全可以根据观察者的需要，对各种地质现象特征和附近的景物有所取舍，该突出哪些，该精简哪些，都任凭自己的运笔予以描绘和体现。事实表明，一份地质调查报告，如果能充分运用地质素描，既有助于揭示和说明问题的现象本质，又可避免一些不必要的文字叙述，做到简明扼要、文图并茂，效果更佳。

2. 地质素描的基本步骤

主要步骤如下。

（1）选定素描对象的范围，确定景物在画框内的位置。

（2）安排主要对象和次要对象的大小比例及其相对位置关系，并在图框内勾画出其范围。勾画景物（或地质体）的轮廓线，主要是抓住外形轮廓，如山脊、陡崖、河床、阶地、层面、断层之类，勾画时先近后远，近处画得细致、清晰、浓重，远处画得粗略、轻淡、隐约，尽量符合透视原理来运笔。在轮廓线勾画就绪的基础上，加阴影线，这一步骤主要是掌握景物形象的立体感，使其逼真如实。适当画些背景或衬托物，用以美化画面。

（3）为了清楚地表达画面的内容，可在景物（或地质体）附近标上必要的文字，如村庄、地层年代符号或其他符号。

（4）写上图名、地名、方位、测量数据、比例尺及其他必要的说明。

3. 地质素描的种类

地质素描按其内容划分，最常见的有下列几种类型。

（1）地层素描：素描对象是地层，表示地层层位关系、地层特征等，如地层剖面素描图。地质构造素描，主要对象是褶皱、断层、节理及其他构造地质现象。对它们的素描应分别注意这些地方。

（2）褶皱素描：在素描动笔前，应首先琢磨哪一层可作为"标志层"，这个"标志层"的岩性特征以及用什么素描技法去表达。到素描时，对"标志层"可着重描绘，以求将褶皱形态充分显示出来。

（3）断层素描：跟褶皱一样，应先找出它的"标志层"，以此判断断层两盘的相对动向，确定断层类型。

（4）节理素描：素描时主要应把几组不同方向的节理表现清楚，注意各组间的交角大小和各组节理的宽度大小应符合实际和透视原理。

（5）地貌素描：地貌素描是一类视野颇大的素描，从地质角度考虑，主要是表现地貌特征与岩石性质、地质构造的关系，或表现风化、水流侵蚀、冰川、火山、地震等地质作用与地貌的关系。

1.6　野外调查的基本方法

1.6.1　地形地貌的野外调查
1.6.1.1　基本要求
（1）确定调查区内的地貌类型及其特征、分布、面积和界线。

（2）确定地貌的成因，尤其是地质构造、新构造运动以及气候、水文、植被、土壤等对地貌发育的影响。

（3）确定地貌发育过程与演变。

（4）测定地貌发育年龄，主要是自第三纪以来的相对年龄与绝对年龄。

（5）提出对不同的地貌类型的利用评价和改造意见。

1.6.1.2　调查内容
地貌调查的内容随任务不同而有所区别，但一般着重于地貌形态、地貌的组成物质、地貌成因、地貌类型之间的关系、地貌过程及地貌年龄等方面内容。

　1. 地貌形态的观测

地貌形态的观测主要是形态特征和形态计量两方面。

（1）形态特征，即定性分析。按地貌等级的不同，分3个层次描述。首先是大型地貌，如山地、高原、丘陵、台地、盆地和平原等的描述。然后是次级地貌，如谷地、阶地、洪积扇、河漫滩等描述。最后再次是地貌要素的分析，所谓地貌要素，即组成某种地貌的最基本单元（棱、角、面），如阶地由阶地面及斜坡组成，山由山（顶）、山（面）和山麓三者组成。

（2）形态计量，即定量分析。如果要对形态特征作深入描述，必须要作计量描述，如说"山高坡陡"，应采用具体数据说明高度和坡度。因此有关地貌的面积、长度、高度、宽度、坡度、深度、密度等，都要用数据说明。这些数据可用仪器测量或在地形图、航片等量测后获得。

2. 地貌组成物质的分析

地貌组成物质对于解释地貌的成因有着重大意义，如阶地因组成物质的不同而划分出侵蚀、堆积和基座 3 种阶地。分析组成物质时，首先区别是岩石抑或是第四纪松散沉积物。若是岩石，则应判断属哪种岩类，它的软硬程度、组成矿物、岩石的结构和构造等对地貌的影响。若是松散沉积物，则应确定它的成因类型，只有这样才能分析沉积地貌的成因。

3. 地貌的成因分析

地貌的生成，除了组成物质影响外，还有构造、营力（内、外力）和时间（时间长短）等影响。构造和内力对地貌的影响主要是在中生代之后，特别是新构造运动影响最为重要，它主要表现为地壳升降、断裂、火山和地震活动等。外力作用主要是对等级较低的地貌。由于地貌形成的因素是多方面的，因此要善于运用综合观点与主导因素观点进行分析。如黄土区的冲沟地貌的发育与降雨量及降雨强度、植被覆盖度、人为作用及新构造上升活动等多方面有关，其中又以植被、降雨及人为因素影响最大。

4. 研究地貌之间的相互关系

地貌是在一定自然条件下形成的，但随着时间的推移而发生变化，因此地貌既有新生性，也有继承性，它们之间有一定的成因关系。如现代雪线以上出现的冰斗，往往与构造上升或气候变冷有关；山地中出现多级夷平面又与地壳多次上升有关。

5. 现代地貌过程的观察

某些地貌在历史时期内发生迅速的变化，如崩塌、滑坡、沙丘移动、泥石流、地陷、风化壳侵蚀（水土流失）等，它们作用时间短，都可能造成地貌灾害，在地貌调查中都应详细观察，并进行仪器测量，其资料对于生产建设和防治工作均有重要意义。

6. 地貌年龄的确定

地貌年龄包括绝对年龄和相对年龄两种，前者是指地貌形成的距今具体年龄；后者是指地貌形成的先后顺序，即属早或晚、老或新的相对关系。相对年龄的确定方法有相关沉积法、年界法、位相法、地貌对比法和岩相过渡法；绝对年龄则需在野外采集有关沉积物的样品，再通过实验室分析才能测定，常用的测定方法有[14]C 法、钾—氩法、铀系法、裂变径迹法和热释光法等。

1.6.1.3 地貌调查方法

1. 调查路线和点的选择

（1）调查路线的选择

地貌调查路线的选择关系调查质量的好坏，好的路线既节省人力、财力和时间，又能提高效率，取得好的效果。调查路线的多寡视调查面积大小及要求详简而定。调查路线的选择原则一般有两个：路线应穿越调查区的各种地貌类型，以便对每种类型获得详细的了解；路线能揭露地貌发育与地质相关的问题。为此调查路线有垂直于山地走向和平行于山地走向两条。

1）路线垂直于山地走向：山地走向一般与地质构造或岩层走向一致，垂直于地质走向就能在短距离内观察到各种构造形态或岩性的变化，以及它们对地貌的影响。

2）路线平行于山地走向：这种路线是横穿顺向谷或逆向谷等进行，它对于了解山前地区的地貌（如河谷、沟谷、洪积扇）的发育及新构造运动对地貌的影响等具有较大的作用。

（2）观测点的选择。

观测点是设立在调查路线上的，它是地貌调查的基本点，完成了各个点的观测也就达到了路线调查的目的。观测点的选择原则如下。

1）具有代表性及典型性的地貌类型点：通过类型点的分析也就得知调查区内同类地貌的状况。对于侵蚀地貌点，要注意选择岩性和构造明显的地点，对于堆积地貌点，要注意选择第四纪堆积物清晰、颗粒结构和构造明显、化石多和厚度大的地点。

2）地貌类型之间的转折点：它对解释相邻两种地貌的差别具有重要意义，为此要注意转折点的地质构造、岩性、堆积物或侵蚀作用的变化。

3）地貌特殊点：该类地貌有异于相邻的地貌，它是调查中的一种补充。

4）人类活动影响明显的地貌点：某些地貌的发育受人类活动影响甚大，如滑坡、崩塌、塌陷、水土流失等灾害性地貌点，尤其要详加了解。

2. 主要调查方法

（1）地质学分析法。地貌的发育受地质影响很大，因此利用地质学的理论和方法去分析地貌，无疑会对调查起着重大作用。

1）地质构造分析。老地质构造对地貌的影响主要在早期，以后随着时间延长，构造遭受严重破坏而对地貌的影响逐渐减弱甚至消失。现代地貌主要受新构造影响，新构造类型主要有断块构造和拱拗构造。

断块构造在地貌上有断块山、断陷盆地及谷地。断块山的特征主要表现在山前活动断裂带上，它常因断块急剧隆起而地形反差加大，山势挺拔而峻峭，在硬岩组成的活动断裂带上，常发育出一系列断层崖和断层三角面，在断层面上常有错动的证据，如擦痕、硅化岩等。在软岩的断裂带上，虽然断层崖不发育，但断层破碎带上的断层角砾、糜棱岩等明显。断块山前常发育有多级洪积扇、断陷谷、断陷盆地等负地貌。

拱拗构造包括拱隆背斜、坳陷盆地和坳陷谷地3种类型，拱隆背斜在地貌上表现为夷平面和阶地面的高度不一致。

2）岩石和岩相分析法。岩石是组成地貌的物质基础，它的产状和岩性对地貌发育有着直接影响。其中岩性的影响主要是指岩石的软硬（即抗压强度）、粒度、化学成分、孔隙度、裂隙度、风化形式和风化速度等方面。

岩相分析主要是对第四纪松散沉积物的分析，它对于研究第四纪沉积地貌有着特别重要的意义。它不仅解决沉积物的成因类型，而且还可恢复古地理环境。反映沉积环境的沉积相有海相、陆相、河流相、湖泊相等。由于沉积物受外力控制，在不同的外力条件下，搬运介质（如河流、暴流、湖泊、冰川、风力、海洋、地下水等）不同，沉积方式和结果也不一样，表现在颗粒大小、颗粒形态、沉积构造等都有所不同。根据这些特征，就可识别它们的搬运介质、沉积方式和环境，具体方法是通过剖面对沉积物的厚度、颜色、颗粒、层理等做分析。

（2）生物环境分析法。生物的生长、发育及其分布范围与地理环境（特别是温度、湿度）密切关联。如果发现古生物化石今日所处位置与其所反映的地理环境不协调，一般来说主要是受气候变化的影响。造成气候变化的原因有两种：其一，世界性的气候变冷（如冰期）或变暖（如间冰期）；其二，构造运动改变了生物化石产地的垂直高度（一般每升高 100m，温度降低 0.5~0.55℃），即化石形成后，化石产地发生了上升或下降的垂直运动，因而生物位置的气温就不同于原来化石形成时那个位置的气温。利用这个气温变化值和气温垂直变化率就可得到地壳运动升降的高度值。

土壤是气候地带性的产物，某种类型的土壤或风化壳反映了一定的自然环境，根据古土壤的类型可以恢复古气候和古自然环境。如灰钙土代表温带森林植被的土壤，黑土代表温带草原植被的土壤，褐色土代表半干旱气候的土壤，红壤代表湿润气候的土壤。

（3）外力分析法。外力作用是地貌形成的重要力量之一，特别是对中、小型地貌影响更为明显，因此，在地貌成因分析中，要充分运用外力因素。

（4）历史考古及古文献分析法。该方法借助考古文物（如古石器、铜铁器、陶瓷器、贝丘、建筑物等）及古文献资料说明历史时期地貌的内外力作用、地貌的堆积（地层）年代及地貌的演变等。

（5）地貌填图和查访。地貌填图是地貌调查中的一项重要工作，随着调查工作的进行，应将地貌类型的范围、界线、特征等逐一填绘在调查底图上，以便日后地貌分析。人类活动影响明显的地貌点，特别是某些灾害性地貌点，发生时间近者仅在数百年甚至数十年内，人们对它的了解仍很清楚，为此应进行实地查访，这对研究历史时期地貌的发育会有较大的帮助。

（6）图片判读和仪器测量。航片和卫片的解译可加快地貌调查的进度和提高调查质量，地形图判读更是地貌调查中不可缺少的方法。对重要的地貌点，还必须进行仪器测量，如对地貌升降和水平位移、滑坡、泥石流、冲沟的侵蚀和形变、海岸带冲淤、沙丘移动和重要地貌剖面等进行测量，以便取得精确数据来进行地貌分析。

（7）其他方法。包括照相、素描和样品采集等。照相和素描是地貌调查的辅助手段，对地貌分析起着生动直观的作用。采集样品的目的是为了取得测验数据，以便更好地分析地貌，样品测验的项目有物理的、化学的或年代的。

1.6.2 矿物的野外观察与鉴别

1.6.2.1 观察与鉴别内容

矿物的野外观察与鉴别有以下内容。

（1）颜色：对不同光波选择吸收和反射的结果（自色；他色——由外来带颜色的物质混入两使矿物染成的颜色，如石英；假色——由光的内反射、内散射、干涉等所引起的颜色，如宝石的变彩）。

（2）晶形（矿物形态）：包括晶体形状、结晶习性、晶体的大小及晶面花纹等。

（3）光泽：矿物表面对可见光反射的能力（矿物的抛光面上），包括金属光泽和非金属光泽（玻璃、金刚光泽、珍珠、油脂、丝绢、蜡状）。

（4）条痕：粉末痕迹（主要对金属矿物有意义）。

（5）硬度：抗外来机械作用的能力（摩氏硬度）。

（6）解理：在外力打击下总是沿一定结晶方向裂成平面的固有特性（内因）。

（7）裂理（外因引起）。

（8）断口（贝壳、锯齿、参差）。

（9）比重。

1.6.2.2 观测与鉴别方法

怎样用肉眼来识别矿物呢？肉眼识别矿物主要是利用矿物的外形（晶形、集合体形态）、光学性质（颜色、条痕、光泽、荧光性）、力学性质（硬度、比重、解理、延性、脆性）和电磁性。有一些矿物的外观相似，特别容易混淆，不仅要考虑它们的物理性质，还要依据它们的化学成分等特点来识别。可以用化学试剂滴到矿物表面上看其反应，如将稀盐酸滴到石灰岩表面上，就会出现浓密的气泡。

通常的识别方法有看、打、闻、刻、划、掂、尝。

看：指观察矿物外表、晶形、集合体形态、颜色等，通过矿物的光泽确定属于金属矿物还是非金属矿物。

打：用地质锤等击打矿物，试其软硬程度，打开后看矿物的解理、裂理和断口特征。

闻：闻闻矿物的气味，如毒砂被打击后，会发出臭葱般的味道。

刻：用小刀等工具刻矿物，以确定矿物的硬度、延展性、脆性。

划：将矿物在白色的瓷板或碗底裂口上划一下，看矿物粉末的颜色，即条痕的颜色。

掂：将矿物在手上掂一掂，看其轻重如何，比重怎样，如石英轻、白钨矿重。

尝：用舌尖舔一舔矿物，试其味道、黏性等。

常用的工具有地质锤、放大镜、小刀、磁铁和白色瓷板等。

1.6.3 岩石的野外观察与鉴别

自然界的岩石有 2000 多种，按其成因可分为岩浆岩、沉积岩和变质岩三大类。在构成地壳的岩石中以岩浆岩数量最多，而在地球表面则以沉积岩分布最广泛。

1.6.3.1 岩浆岩（火成岩）

依据岩石的颜色、含石英的分量、含铁镁矿物的分量这 3 项指标，分析火成岩应归属哪一个大类。比如，淡红色、浅灰色，含石英晶体的颗粒较多，而含铁镁矿物的分量较少的，大体上是属于酸性火成岩。如果岩石呈灰色、灰绿色，铁镁矿物的含量相当明显，而石英晶体的颗粒大为减少，或偶尔可见者，大体应属于中性火成岩。如果岩石的颜色黝黑，并略带橄榄绿，完全看不到石英颗粒，铁镁矿物几乎成为岩石的全部组分，则应属于基性岩类。

基本上分辨出酸性、中性和基性三大类岩石以后，接着就鉴定其具体的名称，认识岩石中所含的矿物名称是鉴定的关键。识别最基本的造岩矿物以后，再结合酸性、中性和基性三大类岩石的特征，就可以具体地鉴定各种火成岩的名称。

从岩石的颜色看，花岗岩跟正长岩几乎没有什么差别，都呈肉红色或灰白色。而两者的最主要区别在于有无石英，正长岩不含石英，而花岗岩中的石英含量可达 20% 以上。

1.6.3.2 沉积岩

沉积岩的各种层理构造和层面构造以及生物化石，是沉积岩所特有的鉴定特征。

1. 碎屑岩的观察和认识

打下一块新鲜标本，先观察碎屑，确定其成分、含量、分选性、磨圆度等，再观察基质或胶结物的成分、含量、胶结方式；然后考虑命名；最后还要观察沉积构造、古生物情况。

碎屑岩命名采用"成分＋结构"的原则。碎屑中某矿物成分含量在 50％以上,即可以其命名。但长石或岩屑若含量超过 25％,即可命名为长石砂岩或岩屑砂岩。在野外,碎屑岩常形成山脊或突兀地面,抗风化能力较强,表面无水溶蚀痕迹,除钙质胶结者外,滴酸无反应。

2. 黏土岩的观察和认识

黏土岩的矿物主要为高岭石、蒙脱石等,颗粒一般小于 0.001mm,电子显微镜下才能看到它们,故称泥质结构。其中层(页)理发育者称页岩,不发育者称泥岩,未固结者称黏土。

黏土岩在野外较易辨认,其岩性松软,易风化,常形成低洼地形而被掩盖。黏土岩由于含不同杂质呈黄、绿、灰、红等颜色,如煤系地层中页岩因富含炭质呈黑色,有时可称炭质泥(页)岩,因而呈紫红色。黏土岩含较多的有机质与细分散状的硫化铁,有机质含量达 3％～10％,外观与炭质页岩相似,区别在于黑色页岩不染手。页岩抵抗风化的能力弱,在地形上往往因侵蚀形成低山、谷地。页岩不透水,在地下水分布中往往成为隔水层。

3. 碳酸盐岩的观察和认识

碳酸盐岩主要为灰岩、白云岩。在野外,用小刀和稀盐酸很容易认识和区别它们。灰岩主要矿物为方解石,但其结构组分也可分为两部分:泥晶基质与颗粒。特殊情况下还有生物形成的架状结构。碳酸盐岩中的颗粒不是岩石风化的产物,而是沉积过程中由于机械的、化学的或生物作用形成的,如粒屑、鲕粒、生物屑、藻粒。颗粒含量 50％以上者可定为颗粒灰岩,如:竹叶状(砾石)灰岩、鲕粒灰岩、生物碎屑石灰岩。一般颗粒含量高,沉积时水体能量高。泥晶含量 50％以上者称泥晶石灰岩,反映了沉积时较为平静的水体环境。

灰岩呈灰色或灰白色,性脆,硬度不大,小刀能刻动,滴稀盐酸会剧烈起泡,若含泥质加酸后岩石表面残留有一层黏土薄膜。按成因可分为粒屑灰岩、生物岩、化学灰岩等。由于灰岩易溶蚀,所以石灰岩发育地区,常形成石林、溶洞等优美风景区。

白云岩主要矿物为白云石,一般颜色较浅,较石灰岩坚韧,滴稀盐酸(浓度为 5％)极缓慢地微弱发泡或不发泡,磨成细粉末后才起泡,粒度常较灰岩粗,但也有较细者,也常有较多的细小孔隙。白云岩风化面上的"刀砍"状构造常是白云岩的重要识别标志,其成因系白云岩在构造作用下破裂,在地下水作用下沿裂隙沉淀方解石,表面上方解石较白云石易风化,形成纵横交叉的似"刀砍"状的溶沟。

1.6.3.3 变质岩

在野外鉴别变质岩的方法、步骤与前述岩浆岩类似,但主要根据其构造、结构和矿物成分进行鉴别。变质岩的构造和结构是其命名和分类的重要依据。首先根据构造和结构特征,初步鉴定变质岩的类别。譬如,具有板状构造者称板岩;具有千枚构造者称千枚岩。具有变晶结构是变质岩的重要结构特征,例如,变质岩中的石英岩与沉积岩中的石英砂岩尽管成分相同,但前者具有变晶结构,而后者却是碎屑结构。其次根据矿物成分含量和变质岩中的特有矿物进一步详细定名。一般来讲,要注意岩石中暗色矿物与浅色矿物的比例,以及浅色矿物中长石和石英的比例，因这些比例关系与岩石的鉴定有着极大关系。例如，某岩石以浅色矿物为主，而浅色矿物中又以石英居多且不含或含有较少长石，就是片岩；若某岩石成分以暗色矿物为主，且含长石较多，则属片麻岩。变质岩中的特有矿物，如蓝晶石、石榴子石、蛇纹石、石墨等，虽然数量不多，但能反映出变质前原岩以及变质作用的条件，故也是野外鉴别变质岩的有力证据。关于板岩和千枚岩，因其矿物成分较难识辨，板岩可按"颜色＋所含杂质"方式命名，如可称黑色板岩、炭质板岩；千枚岩可据其"颜色＋特征矿物"命名，如可称银灰色千枚岩、硬绿泥石千枚岩等。在野外，还要观察地质体产状、变质作用的成因，比如，石英岩与大理岩两者在区域变质与接触变质岩中均有，就只能根据野外产状和共生的岩石类型来确定，假如此类岩石围绕侵入体分布，并和板岩共生，则为接触变质形成；假如此类岩石呈区域带状分布，并和具片状或片麻状构造的岩石共生，则为区域变质所形成。

对变质岩也应描述岩石总体颜色，注意其岩石结构，若为变晶结构，则要对矿物形态进行描述。注意观察岩石中矿物成分是否定向排列，以便描述其构造。用肉眼和放大镜观察可见的矿物成分应进行描述，若无变斑晶，就按矿物含量多少依次描述；若有变斑晶，则应先描述变斑晶成分，后描述基质成分。至于其他方面，如小型褶皱、细脉穿插、风化情况等，亦应作简略描述。在为变质岩定名时，应本着"特征矿物＋片状（或柱状）矿物＋基本岩石名称"的原则，如可将某岩石定名为蓝晶石黑云母片岩。

1.6.4 地质构造的野外观察与分析

1.6.4.1 沉积地层接触关系

（1）整合地层，两套地层间是逐渐过渡，时代上有传递性，没有古风化痕迹，而且上下地层产状一致。

（2）平行不整合，虽然两套地层产状大体一致，但形成的时代存在很大距离，也就是中间一段时期缺失地层，所以从上下地层含的化石年代上可以判断，此外可以通过寻找古风化壳来确定平行不整合的存在。

（3）角度不整合，上下产状不一致，并且是下覆地层发生过褶皱变形而上方地层是水平沉积的，在野外主要是寻找古风化壳化石痕迹，还要观察下伏地层是不是褶皱后被剥蚀的面。

1.6.4.2 褶皱

岩层受力的挤压而发生弯曲的现象称为褶皱。褶皱是几乎在任何沉积岩区都能见到的一种极为普通的构造地质现象，只是其规模大小不同而已，大者长达几十千米，甚至几百千米，小者在标本上就能观察到，甚至在显微镜下才可见。不过，在野外视野所及者，几百米、几千米的规模居多。真正特大的褶皱，在距离较短的剖面上是看不出来的，必须通过长距离的剖面穿越，或通过填绘地质图以后才能分析出来。研究褶皱的基本要点主要包括褶皱的形态、产状、类型、形成的方式以及分布的特点。

1. 褶皱的基本形态

褶皱的基本形态只有两种：背斜和向斜。背斜的标志是岩层向上弯曲，核心部位是老岩层，两侧为新岩层。向斜的标志是岩层向下弯曲，核心部位为新地层，两侧翼部为老地层。如果岩层被侵蚀风化，在地表暴露出来（以平面图形式表示的话）时，从中心到两侧，岩层的排列由老到新，对称出现，是为背斜；相反，从中心向两侧的岩层自新到老，对称出现，则为向斜。

认识背斜和向斜构造以后，就可以按照褶皱要素——核部、翼部、转折端、轴向、倾伏等进行具体的描述了。例如，某背斜构造核部由寒武地层构成，两侧由奥陶系至石炭系地层构成，轴向东北，向西南倾伏。

然后，再将观察的褶皱进行分类，根据褶皱轴面的产状分为直立褶皱、斜歪褶皱、倒转褶皱、平卧褶皱、翻卷褶皱。一般说来，这些褶皱的形态都反映了岩层受力程度的不同。或者说，从直立褶皱到翻卷褶皱，受力越来越强，因两侧受力的程度不同，轴面向受力较弱的一侧倾斜。根据岩层弯曲的形态分为圆弧褶皱、尖棱褶皱、箱状褶皱、扇形褶皱及挠曲。以上提到的褶皱形态，可以说是"小型"的褶皱，即站在褶皱岩层的面前，一眼看去，就清晰能辨。而实际上，还有"大型"的褶皱，在野外地质旅行、穿越长剖面时才能辨认的，它们大多是"非单个"褶皱，而是由一系列褶皱复合组成。

在褶皱形态的观察基础上，如果要进一步研究形成褶皱的机理，可在地质调查告一段落以后做详细的解剖——如纵弯褶皱作用、横弯褶皱作用、柔流褶皱作用、压肩作用等。

2. 褶皱的研究

对褶皱形态的研究，就是要查明褶皱的位置、产状、规模、形态和分布特点，探讨褶皱形成的方式和形成的时代，了解褶皱与矿产的关系等。观察褶皱出露的形态，也就是从褶皱在地面出露的形态做纵横方面的观察，经过多方分析，恢复其真实面貌。对褶皱内部的小构造（指小褶皱、小断裂面、线理等）研究，它们分布于主褶皱的不同部位，由于规模较小，易于观察，各自从一个侧面反映出主褶皱的某些特征。褶皱形成后一般遭风化侵蚀作用，背斜核部由于节理发育易于风化破坏，可能形成河谷低地，而向斜核部则可能形成山脊。

1.6.4.3 断层

断层与节理同属断裂构造，而断层往往是节理的进一步发育所致。当节理发生位移、两壁有所错动时，即称为断层，是野外常见的一种重要地质现象。

1. 断层的几何要素

断层的几何要素主要包括断层面、断盘、断层线和位移。

（1）断层面。所谓断层面，就是两部分岩块沿着滑动方向所产生的破裂面。断层面的空间位置也像地层的层面一样，是由其走向和倾向而确定的。但断层面并非一个平整的面，往往是一个曲面，特别是向地下延伸的那一部分，产状可以有较大的变化。此外，断层面不是单独存在的，往往是有好几个平行地排列着，构成所谓断层带，又由于断层带上两壁岩层的位移错动，使岩石发生破碎，因此又称为断层破碎带。其宽度达几米、甚至几十米。一般情况下，断层的规模愈大，断层带的宽度也愈大。

（2）断盘。断层面两侧相对移动的岩块称为断盘。由于断层面两壁发生相对移动，所以断盘就有上升盘和下降盘之分。在野外识别时，按其位于断层面之上者称上盘；位于断层面之下者称下盘。当断层面垂直时，就无上盘或下盘之分。

（3）断层线。断层面与地面相交之线，称断层线。

（4）位移。位移这是断层面两侧岩块相对移动的泛称。在野外观察断层时，位移的方向是必须当场解决的问题之一。特别遇到开矿时，一旦遇到矿脉（或矿层）中断，往往是断层位移所致，需要立即追查。追查的办法是运用两侧岩层的层序关系来判断或抚摸断层面上的擦痕等来确定。

2. 断层的标志

（1）构造（线）不连续。各种地质体，诸如地层、矿层、矿脉、侵入体与围岩的接触界线等都有一定的形状和分布方向。一旦断层发生，它们就会突然中断、错开，即造成构造（线）的不连续现象，这是判断断层现象的直接标志。

（2）地层的重复或缺失。这是很重要的断层证据。虽然褶皱构造也有地层的重复现象，但它是对称性的重复，而断层的地层重复却是单向性的。至于地层的缺失，凡沉积间断或不整合构造也可造成，但这两类地层缺失都是区域性的，而断层造成的地层缺失则是局部性的。利用地层的重复或缺失不仅是判断断层的重要手段，而且是判断断层两盘相对动向的重要方法，借此还可以确定断层的性质——是正断层，还是逆断层。

（3）断层面（带）上的构造特征。这是识别断层的直观证据，即在眼前"方寸"之地内所能见到的若干构造现象，最常见的有断层擦痕、构造岩、牵引构造。也可根据地貌或水文上的一些特征说明有断层存在，但不易判断其两盘的运动方向。

3. 断层的分类

认识断层的证据、判断断层的存在以后，就可以进一步将断层进行分类，这也是野外观察断层时必须解决的问题。一般最常用的断层分类法，是根据两盘岩块相对移动的性质而定，分为正断层、逆断层和平移断层。如果逆断层断层面的倾角小于30°，则又称为逆掩断层。规模很大的逆断层（推移数千米以至数十千米者），又称为推覆体，这是"地槽区"常见的一种构造现象，如阿尔卑斯地区是世界闻名的推覆体所在地。不过，野外所见到的断层，往往并非单个出现，而是以组合的形态出现居多，如阶梯断层、地堑与地垒、叠瓦状构造。在某些特殊场合还能见到以下几种类型：环形断层及放射状断层，多见于火山活动区的火山锥附近或穹隆构造的周围，也见于侵入体的周围；旋扭断层，多见于较大的断裂之旁，是一种规模小的弧形断层，好似主断层派生出来。

在野外调查时，除了认识和判断断层的存在、类型、性质等外，还要进一步查清断层发生（或形成）的时间。凡被断层切断的地层，这些断层的发生年代应在被切断的最新地层之后，在未被切割的最老地层之前。例如某断层切穿三叠纪地层，而未断及侏罗纪地层，则此断层形成的时间应判定在三叠纪末较妥。断层年代的确定，对于研究区域地质发展史、成矿作用的时期等都十分重要。而年代问题的确定，主要是在野外解决。

1.6.4.4 节理

1. 节理的测量

一般野外调查应选择节理比较密集（数十条在一起）的地方作为观察点，为了达到统计目的，测量面积的大小视节理的密度而定。一般情况下，一组节理能测到50～60条产状，就有较好的统计效果。节理的野外测量记录见表1.2，主要包括以下内容。

（1）节理群所在地的地理位置。

（2）节理与褶皱或断层的关系，如在褶皱的轴部、翼部、断层的上盘或下盘等。

（3）节理所在的岩层时代或层位、岩石的性质、岩层的产状要素。

（4）节理的产状要素。

（5）节理面及充填物的特征。

（6）节理的力学性质及旋向。

（7）节理组、系归属及相互关系。

（8）节理密度统计（条/m）。

（9）备注。

表 1.2　　　　　　　　　　　　　　　　　　节理的野外测量记录表

编号	地理位置	地层年代	岩石产状		节理产状		节理成因	节理宽度、长度及节理面的描述	节理内充填物质及胶结程度	归属及相互关系	密度	备注
			倾向	倾角	倾向	倾角						

2. 节理玫瑰花图编制

以最常见的"走向玫瑰花图"的编制为例。

首先，进行资料整理。将测点上所测的节理走向全部换算成 NE 向和 NW 向，按走向方位大小，采用 10°为一间隔分组，分成 1°～10°、11°～20°、…统计每组节理条数并算出平均走向。

其次，确定做图比例尺。按做图大小和最多那一组节理的条数，选取一定长度的线段作为一条节理的线条比例尺，然后以等长或稍长于按线条比例尺表示最多那一组节理条数的线段长度为半径，作一个上半圆，通过圆心画出 E、W、N 三个方向，并标出方位角。

再次，定点连线。从 1°～10°第一组开始，从半径方向按该组节理条数线段比例找出对应走向方位角中间值之点，此点即表示该组节理平均走向和条数。待各组的点确定之后，依次将相邻组的点折线连接。当其中某一组无节理时，应将连线折回圆心，然后再从圆心往下一组的点相连（最好边找点边连线）。

最后，写上图名，标出线段比例尺。必要时画出河流流向和主要建筑物（如坝轴线等）方位，以便分析评价节理对水工建筑物等的影响。线、产状及其他观测点等一一标绘到相应的位置上，构成平面路线图。

选择剖面方位：一般情况下，选择与岩层倾向一致的方向作为剖面方向，或连接基线的起点和终点作为剖面线。

投绘剖面地形轮廓线：在导线平面图的下方，平行于剖面线作一条与之等长的基线，在基线两端点树起高程标尺（若未知基点高程，可按相对高差计），并将左端定为起点，再将各导线点按累积高差投影在基线上方，连接各点即得剖面地形轮廓线。

投绘剖面中的地质内容：将导线上各岩层分界点、各种地质构造及地质现象投影到地形线上，按产状和规定的图例符号表示出地层（若剖面方向与岩层走向垂直时，按真倾角表示，否则按视倾角表示）岩性和其他地质条件。

1.6.4.5 岩体接触关系与形成时代

1. 岩体的接触关系

（1）侵入接触。反映岩体侵入时代晚于围岩。侵入标志主要有：①岩体切穿围岩，在主要岩体附近有岩枝伸入围岩之中；②岩体边部常有较细粒的冷凝边（或边缘带）；③岩体边部原生流动构造比较发育；④岩体中有大量的围岩捕房体和同化混染现象；⑤围岩受岩体的影响出现变质矿物，发现在接触变质晕（带），常伴随有矿化或矿体出现，变质晕的宽窄主要与岩体的成分、大小、侵入深度、接触面的陡缓和围岩成分有关。

（2）沉积接触。呈沉积接触关系的岩体，其形成时代早于上覆沉积岩层的时代。岩体遭受风化剥蚀后，为沉积岩层所覆盖的接触关系。主要识别标志有：①在侵入体的顶部与其接触的沉积岩中，没有发现任何变质现象；②在上覆沉积岩底部的沉积物中，常有被剥蚀的侵入体砾石或砂砾；③在接触面上，岩体表面发育有不平整的侵蚀面或风化壳；④岩体顶部的岩脉或矿体有被切断现象。

（3）断层接触。侵入体与围岩之间呈断层关系，在接触带上有断裂现象，如擦痕、碎裂岩甚至糜棱岩带等。

（4）接触面产状野外观测与分析。在野外必须弄清它们的接触关系，是渐变的还是急变的；接触面是陡的还是平缓的，它的宽度多大；接触线是弯曲的还是平直的等。详细记录下来，并描绘素描图。按接触面不同可分为平整接触、波状接触、疙瘩状接触、锯齿状接触、枝杈状接触、顺层注入接触等。平整的和波状的接触说明岩浆活动性不大，多为急变接触。疙瘩状接触则表明岩浆的静压力是十分强大的，以致冲碎围岩。锯齿状与疙瘩状接触相似，不过其化学活动性更强烈，枝杈状接触与顺层注入接触都是在岩浆静压力大和化学活动性很强的情况下形成的，不过后者又与围岩的构造有关。

还应着重研究接触面与围岩的关系，了解围岩是何种岩性，由近而远仔细观察变质矿物的出现情况，注意有否交代现象，在此基础上，根据岩石的矿物共生组合、标型矿物和结构构造特征，按变质程度进行分带。外接触带一般可分为内、中、外或高、中、低三带。分带的标准应依当地岩石特征具体分析，确定标准矿物后进行。

2. 岩体形成时代的确定

（1）根据接触关系。当岩体与围岩呈侵入接触时，则岩体形成于被岩体侵入的整套地层中最新地层之后。如果岩体与围岩为沉积接触，即被角度不整合覆盖，则岩体形成时代早于被侵入的不整合下伏地层中最新地层之后、上覆地层中最老地层之前。

（2）根据岩体特性对比。当无法根据接触关系确定岩体的形成时代时，可以与邻区已知时代的岩体进行对比来推断岩体时代。对比的内容包括岩体的构造型式、侵位机制、岩石的结构构造、矿物成分、化学成分和微量元素等。一般来说，同期同源的岩体具有许多共性。

（3）根据与区域构造的关系。岩浆活动总是与某一构造运动期（幕）相关。如果岩体侵入于燕山期褶皱之中，则表明岩体与褶皱同时形成或在褶皱作用晚期形成。如果查明了岩体与区域构造的时空关系，就可以基本确定岩体形成的相对时代。

（4）利用岩体相互穿插关系确定复式岩体内多期侵入的顺序。在岩浆岩广泛发育的地区，往往有多期侵入形成的复式杂岩体。在杂岩体内各岩体之间存在侵入接触关系以及穿插和切割。据此，可确定复式岩体的多期侵入顺序。其判别标志有：具冷凝边的岩体为晚期岩体，具烘烤边或接触变质晕的岩体为早期岩体；定向组构被切割的岩体为早期岩体，定向组构平行于两岩体接触面的岩体为晚期岩体；如果某岩体中包含有相邻岩体岩石的捕房体，则为晚期岩体；一岩脉穿插到一个岩体内而被相邻岩体截切，截切岩脉的岩体形成时代较晚。

1.6.5 水文地质调查

水文地质调查是研究水文地质条件和规律的主要手段，是各种精度不同的水文地质测绘、勘探、试验等的总称。其目的是为了查明地下水的形成及分布规律，并在此基础上，对地下水资源作出水量与水质的评价；对大型工程中的水文地质问题，提出有关水文地质依据和建议。水文地质调查通常按普查、详查两个阶段进行：普查阶段是一项区域性小比例尺带有战略意义的工作，一般不要求解决专门性水文地质问题，而是在查明区域水文地质条件和规律的基础上，为国民经济建设提供规划资料；详查阶段工作一般都是在普查的基础上进行，除查明基本水文地质条件外，还要提供有关地区地下水的埋藏条件，含水层划分与类型，各种渗漏、涌水、突水的可能性，水文地质参数和地下水动态变化规律的具体资料。

1.6.5.1 水文地质调查的基本方法

1. 观测点与观测路线要求

水文地质调查一般在比例尺不小于调查比例尺的地形地质图上进行。

观测点宜在地下水露头、地表水体、暗河出入口、落水洞、地下湖等主要水文地质现象和地貌、地层、岩性、构造等主要地质界线以及其他有重要地质、水文地质意义的现象处布置。

观测路线宜穿越地层、构造走向、地貌分界线布置或追索含水层（带）、地下水露头、地表水体展布方向布置。

水文地质测绘观测点数和路线长度可按表 1.3 确定。同时进行地质和水文地质测绘时，表中地质观测点数应乘以 2.5；复核性水文地质测绘时，观测点数为规定数的 40%～50%。水文地质条件简单时采用小值，复杂时采用大值，条件中等时采用中间值。进行水文地质测绘时，可利用现有遥感影像资料进行判释与填图，以减少野外工作量和提高图件的精度。各种调查点的位置，可采用罗盘、GPS 结合典型的地形地物确定，并准确地绘制到底图上。

表 1.3　　　　　　　　　　　水文地质测绘观测点数和路线长度

测绘比例尺	地质观测点数/(个/km²)		水文地质观测点数 /(个/km²)	观测路线 km /km²
	松散层地区	基岩地区		
1:10 万	0.10～0.30	0.25～0.75	0.10～0.25	0.50～1.00
1:5 万	0.30～0.60	0.75～2.00	0.20～0.60	1.00～2.00
1:2.5 万	0.60～1.80	1.50～3.00	1.00～2.50	2.50～4.00
1:1 万	1.80～3.60	3.00～8.00	2.50～7.50	4.00～6.00
1:5000	3.60～7.20	6.00～16.00	5.00～15.00	6.00～12.00

2. 观测内容

水文地质调查的内容主要有地下水位的观测、水样采集、水文地质试验、地下水露头及地表水（河流）的调查。

水文地质试验是水文地质调查中不可缺少的重要手段，许多水文地质资料皆需要通过水文地质试验才能获得。抽水试验在各个调查阶段中都占有重要的比重，其成果质量直接影响着对调查区水文地质条件的认识和水文地质计算成果的精确程度，是最重要的现场试验之一。

地下水露头的调查是整个地下水资源地面调查的核心，是认识和寻找地下水直接可靠的方法。地下水露头的种类有：地下水的天然露头，即泉、地下水溢出带、某些沼泽湿地、岩溶区的暗河出口及岩溶洞穴等；地下水的人工露头，即水井、钻孔、矿山井巷及地下开挖工程等。在地下水露头的调查中，应用最多的是泉和水井（钻孔）调查。

（1）泉的调查。泉的流量、水质及其动态，在很大程度上代表着含水层（带）的富水性、水质和动态变化规律，并在一定程度上反映出地下水是承压水还是潜水。通过对泉水出露条件和补给水源的分析，可帮助确定区内的含水层层位，即有哪几个含水层或含水带。据泉的出露标高，可确定地下水的埋藏条件。据泉水的出露条件，还可判别某些地质或水文地质条件，如断层、侵入体接触带、某种构造界面的存在，或区内存在多个地下水系统等。泉的观测记录内容包括以下几方面。

1）把泉统一编号标记在图上，并描述泉出露的位置，属于何种地貌单元，如河谷、盆地、冲沟、峡谷及山麓等，标出泉相对河水面高程及居民点的方位和距离。

2）详细描述泉出露点的地质条件，并选择典型方位做剖面图及泉出露地段的平面图，应表示出岩层性质、地质构造特点，松散沉积物中应阐明沉积物成因类型、岩性、结构等。

3）测定泉水温度，判明水的物理性质及气体成分，并取水样作化学成分鉴定。

4）观察泉水出露形态，自然流出的（渗出的、滴出的）或涌出的是否有间歇性流量变化。

5）观察出露处是否有沉淀物质——泉华（矿质的、钙质的、铁质的等）。

6）测定泉水流量，了解访问泉水动态。

7）调查泉的使用情况，是否有引水工程。

8）确定泉的类型。

（2）水井（钻孔）的调查。在地下水资源地面调查中，调查水井比调查泉的意义更大。调查水井能可靠地帮助确定含水层的埋深、厚度、出水段岩性和构造特征，反映出含水层的类型，调查水井还能帮助我们确定含水层的富水性、水质和动态特征。水井（钻孔）的调查内容主要有以下几方面。

1）水井的位置（村庄内、外；平原、高地、斜坡、洼地冲沟；在河、湖、池塘、沼泽岸上，距离水体多远，是否被洪水淹没）。

2）井的坐标、地面标高、井口标高、井底深度、水位埋深。

3）井的地层柱状图。

4）井壁的结构及井口形态。

5）建井年代及最近一次淘井的时间。

6）取水设备及用水量。

7）井的涌水量（可做简易抽水试验或访问用水居民）。

8）井水的物理性质：水温、气温、颜色、透明度、气味、味道等。

9）井水的动态：丰水年、枯水年的井水位变化情况；年内水位变化情况；井水的用途及附近的卫生环境状况。

10）井位的平面图及示意剖面图。

11）在泉、井调查中，都应取水样，测定其化学成分。需要时，应在井孔中进行抽水试验等，以取得必需的参数。在调查中，对某些能反映地下水存在的非地下水露头现象（如地表植物、土壤盐碱化等）及干钻孔等也应予以研究。

1.6.5.2 不同地区的水文地质调查方法

水文地质调查因地下水系统所处的地质环境不同而不相同，根据不同地貌、地质与构造格局的区域特点，将地下水系统分布的区域划分为孔隙水区、碎屑岩类孔隙裂隙水区、基岩裂隙水区和岩溶水区。

1. 孔隙水区

孔隙水主要赋存于第四系松散堆积物中，其形成条件和分布规律严格受第四纪地层的成因类型、岩性、岩相变化规律所控制，要特别注意对第四纪地质、地貌和新构造运动的调查。平原地区和河谷地区地下水与地表水之间常常有密切的水力联系，因此还要注意对地下水与地表水之间相互转化补排关系的调查。

对孔隙水分布区进行水文地质调查的内容包括以下方面。

（1）研究松散沉积物的分布、岩性、矿物成分与颗粒成分、结构、厚度、成因类型、物质来源及其地质时代等内容，掌握它们在纵横方向上的变化规律。

（2）调查各种地下水露头，确定松散层中的含水层位及含水层的厚度、地下水类型、埋藏特征，收集其水质、水量资料，并研究其变化规律。

（3）分析各类地表水体的分布、水位、流量特征及其动态变化规律，研究其与地下水间的转化关系。

（4）研究地貌及新构造运动的性质与幅度等特点，以及对该区松散层形成与分布的影响。

（5）分析岩性及地质构造条件，判断基岩含水层的含水特征及与松散含水层间的补排关系。

（6）收集钻孔、水井资料，探讨深部的水文地质条件。

（7）收集现有的供水与抹水设施的水文地质资料，研究供、排地下水中出现的水文地质问题及其发展趋势。

（8）调查区内地下水及地表水的污染情况。

2. 碎屑岩类孔隙裂隙水区

各种坚硬碎屑岩层的颗粒之间，均存在一定的孔隙，与松散岩层中的孔隙相比，仅是在经过一定程度的成岩胶结作用后，孔隙的数量减小，空间变小而已。因此，只是当胶结不好、碎屑颗粒粗大时才具有含水意义，且碎屑岩也有不同程度发育的原生裂隙、风化裂隙和构造裂隙，构成孔隙裂隙含水层。

在碎屑岩地区进行水文地质测绘，首先应了解区域构造特征、地层构造与地层岩性，及其在具体条件下对地下水的不同控制程度，从而确定调查地下水的主要方向。应着重调查下列内容。

（1）地质构造调查。

1）调查褶皱构造形成的含水层较稳定的自流盆地和自流斜地。

2）在碎屑岩产状平稳时，要重点调查平面上的扭节理，尤其是棋盘格式构造交叉处节理密集带的富水条件。

3）软硬相间和厚薄相间的地层中硬脆薄层的层间裂隙水和在界面处出露的泉。

4）塑性地层中相对硬脆岩层和裂隙发育的构造部位局部富水的可能性。

5）单一硬脆岩层要注意断裂构造裂隙水的调查。

6）薄层灰岩和泥灰岩岩溶水形成、富集的条件，在调查时要注意其胶结物和碎屑物本身的物质成分是否具有易溶盐或可溶成分及其与地下水形成、分布和富集的关系；地下水的化学成分、矿化度的特征及规律；咸淡水界面的性状及其与地层中育盐成分的分布规律和地下水循环交替条件之间的关系。

7）要调查在不整合面和沉积间断面上出露的泉及其构成富水带的可能性。

（2）地形地貌与地层岩性调查。注意研究构造形态与地貌地形之间的关系。地质上表现为低地、谷地和掌心地的向斜和单斜构造的分布范围和地貌汇水条件。调查这些低地及其补给区地层岩性特点，区域构造裂隙的发育程度和可溶性含钙砂岩的分布，注意沟谷部位泉水的调查。

（3）岩石风化程度调查。调查各种岩石风化带、半风化带分布厚度与构造和地貌的关系。了解网状风化裂隙水的富水地段、动态变化及其供水意义。

（4）补给来源与途径调查。可以充分利用现有的水文地质剖面，通过不同深度上岩芯的采取，研究裂隙发育程度、冲洗液消耗情况和抽水、压水、测井及水化学等资料，进行综合分析，确定蓄水构造，进而圈定补给区、径流区和排泄区。在补给区主要进行补给来源和补给途径的调查。

1）补给来源调查。以大气降水入渗作为主要补给水源时，则地下水的动态主要受降水的影响，应将重点放在分析调查区历年气象资料和了解大气降水的入渗情况。以地表水或其他相邻蓄水构造的地下水作为主要补给来源时，则工作重点应放在河流调查和多年水文资料及相邻蓄水构造调查的分析上。

2）补给途径调查。补给途径调查包括补给区含水层裂隙性质、发育程度及后期张开、闭合、充填、胶结等情况，覆盖层的分布及其透水情况的调查。尤其是要注意构造裂隙密集带，层面构造裂隙，张性、张扭性裂隙和各种构造断裂的发育延伸情况的调查。而在径流区和排泄区，工作重点要放在寻找富水部位上。因此，在寻找富水部位时要从节理裂隙及断裂系统和褶皱的空间形态调查着手，并结合岩性的组合关系、补给条件等，进行综合分析，才能收到较好的效果。

3. 基岩裂隙水区

在基岩裂隙水区应采用地质、水文地质测绘，这是一项综合性的地质调查研究工作，是基岩山区供水水文地质勘探的重要手段。裂隙水按分布在裂隙中的成因类型分为风化裂隙水、成岩裂隙水和构造裂隙水 3 种类型，对其研究可达到寻找评价和开发裂隙水的目的。裂隙的密集、开启、连通及充填情况直接影响到裂隙水的分布、运动和富集，因此裂隙水在分布上不均匀，可呈层状或脉状分布；富集程度通常是从微弱到中等。

在裂隙水区，主要调查与地下水有关的岩性和地质构造。

（1）岩性调查。调查基岩层（体）的性质，分析基岩含水介质类型，探讨裂隙的发育规律，找出含水层（体）。主要包括：调查研究区内基岩的岩性、原生孔隙、裂隙的形成及分布规律；了解地形、地貌特征，以及对地下水的控制作用；调查岩层（体）中应力分布状况及各种裂隙分布与破坏规律。

（2）地质构造调查。

1）掌握区内地质构造，了解含水层的空间分布和边界特征。

2）调查基岩褶皱、断裂构造的含水特征，分析裂隙构造类型及其水文地质规律。

3）调查区内的断层分布状况并对其进行研究。因断层本身可构成一个特殊的水文地质体，调查时应注意分析：断裂形成时的力学性质，断裂带中破坏产物的存在状态，胶结充填情况；断层两盘的岩性、破坏程度、破坏带的宽度及其对富水性的影响；断层的多期活动情况，以及断裂带的规模及其对富水性控制作用；研究断裂地下水和泉水的水位、水量及其动态特征；提出保持、利用、改造断裂带透（隔）水性后的可能性。

4）分析岩浆岩与围岩接触带的类型、蚀变、破坏及其水文地质特征。

5）研究喷出岩中成岩裂隙的柱状节理、大孔隙性和熔岩通道的发育规律及其含水性。

6）了解基岩区风化带的发育状况及其水文地质特征。

7）进行区内裂隙统计，并作出裂隙走向玫瑰花图，以其指导区域性的水文地质研究。

4. 岩溶水区

（1）一般调查内容。在岩溶水分布地区进行水文地质调查的基本内容如下。

1）查清区内岩石化学成分、矿物成分、岩性结构和分布特征，以及可溶岩层与非可溶岩层的组合关系。

2）研究区内地质构造条件及其水文地质特征。

3）观察可溶岩中原生和后生的孔隙和裂隙的形成规律、发育程度及其含水性。

4）观察可溶岩中岩溶的形态、规模、岩溶发育规律及其水文地质特征。对一些大型溶洞要依据洞穴学的要求，进行调查工作。研究洞内出水现象，绘制洞穴水文地质图，注意收集井、孔的水文地质资料，以掌握深部岩溶的发育规律，并查明岩溶发育底界。

5）划分区内的含水层和隔水层，确定区内岩溶水构造类型及其中的富水地段。

6）观察区内地表水系的分布，测量水位和流量，了解河水动态，观测地表水与地下水之间的补排关系；对落水洞与地下河出口要进行同样的研究。

7）从地层、构造、地貌、水文及岩溶发育规律分析主要岩溶含水层的补、径、排特征；进行各种地下水露头的调查，测量其水量，必要时观测其动态。

8）取水样分析研究主要岩溶含水层的水质特征，寻找水质变化规律，注意地下水污染来源。

9）对现有岩溶水供水与抽水工程进行现场调查，收集与地下水有关的全部资料，还需要研究合理利用或有效排除岩溶水的问题。对抽水引起的地表塌陷，亦应加以研究。

（2）专门研究内容。在岩溶区测绘，除完成上述基本内容外，尚需有针对性地做好以下专门研究内容。

1）进行岩溶地貌的观察，探讨它们的发育因素，分析它对岩溶水补、径、排的控制作用。

2）在查清岩溶发育规律的基础上，加强研究泉的出露条件，圈定泉域范围，确定补排条件，找出强径流带位置，测定流量，分析水质，并进行动态观测。

3）在地下河系发育地区，要查清地下河的展布规律、形成条件、主支流域界线、观测流量、水位及其动态；必要时绘制地下河系分布图和进行连通试验。

对可溶岩和非可溶岩的接触带，与煤系地层、侵入体或与矿体的接触带等要仔细研究，该处岩溶强烈发育、富水或成为大泉排泄区。

从当前地下水运动状态、沉积矿物、岩溶形态与分布位置，结合地质历史等多方面资料，划分岩溶期，注意区分古岩溶与现代岩溶。

对岩溶区分布的松散堆积物进行观测。要确定其岩性、成因、分布、厚度、含水性，了解孔隙水与岩溶水间的补排关系。

对裸露型岩溶区，应在查明岩溶地貌类型的基础上，着重调查研究暗河水系的特征。为此要特别注意调查地表有规律分布的天窗、平谷、串珠状洼地、塌陷、漏斗、溶井及落水洞等各种岩溶形态。调查地表水与地下水相互转化关系，并结合连通试验和洞穴调查，查明地下河网的分布规律和埋藏条件、暗河流量及动态特征。此外，从找水观点，须调查岩溶地下水及暗河出口集中排泄的特征、地质、地貌条件，分布范围、富水程度与其形成地下水富集带（区）之间的关系。

对覆盖型岩溶区，应着重研究地层岩性、地质构造和地下水动力条件对岩溶发育规律的控制，查明岩溶发育的主要层位、部位及其发育特征，并从古水文地质条件分析岩溶形成的时代和发育过程，同时对地下水以大泉、泉群等形式集中排泄的地段，要仔细研究它们形成的地质、地貌条件与地下水富集的关系和富集程度。

1.6.6　地质灾害调查

1.6.6.1　崩塌（含危岩体）

1. 调查要点

（1）崩塌区基本特征调查。了解崩塌区地形地貌、地层岩性、地质构造和水文地质特征；了解崩塌变形发育史；查明人为因素的强度、周期，了解它们对崩塌变形破坏的作用和影响；确定崩塌类型。

（2）先期崩塌体特征调查，查明产出位置的微地貌及岩体组构特征、崩塌过程及崩塌体特征、崩积体自身的稳定性；了解已发生的崩塌灾害损失，分析崩塌体再次活动的可能性与危害性。

（3）潜在崩塌体（危岩体）特征调查。查明危岩体及其开裂缝特征；分析评价危岩体稳定性和诱发因素；了解崩塌后可能造成的影响范围与危害。

2．调查方法

崩塌调查的技术方法有遥感图像解译、工程地质测绘、地球物理勘探、钻探、山地工程、试验及动态监测。

1.6.6.2　滑坡

1．调查要点

（1）查明滑坡地质条件。调查滑坡所处斜坡的地形特点、切割深度、变形形态、地面坡度、相对高度、沟谷发育情况、河岸冲刷、堆积物及地表水汇聚情况及植被发育状况；滑坡发生与地层结构、岩性、断裂构造（对岩体滑坡尤为重要）、地貌及其演变、水文地质条件、地震和人为活动因素的关系，找出引起滑坡或滑坡复活的主导因素。

（2）基本查明滑坡体特征，包括滑坡体形态和规模、边界特征、表部特征、滑面特征、内部特征；地下水情况，泉水出露地点及流量，地表水自然排泄沟渠的分布和断面；确定是初发性滑坡或复活滑坡，目前活动状态及其变形阶段，滑动的方向，分析滑坡的滑动方式和力学机制；确定滑坡类型。

（3）基本查明滑坡诱发因素。包括滑坡发生发展与地震、降雨、侵蚀、崩坡积加载等自然动力因素的关系，森林植被破坏、不合理开垦、地面、地下工程开挖、堆土或建筑物加载、爆破振动、废水排放、渠道渗漏、水库蓄水等人类工程经济活动对滑坡发生与发展的影响。对重大滑坡体进行稳定性初步评价。

（4）了解滑坡危害及成灾情况。包括历史灾情情况和近期活动造成的人员伤亡和经济损失、防治措施及效果。对今后滑坡灾害可能的成灾范围及危害性，进行预测分析，提出防治对策建议。

2．调查方法

滑坡野外调查方法关系滑坡调查内容能否圆满完成，受时间、交通、地形等因素的限制，调查往往是一次性的。调查方法和步骤如下。

（1）工作准备。

1）资料收集。在野外调查工作正式开始之前，必须明确调查的目的、任务和要求，准备调查用的地形图，收集滑坡发生区的地质、区域构造、自然环境资料。

2）资料整理和初步分析。在野外工作之前，应对收集的资料进行初步的分析整理，对区内自然环境状况有一个较为全面的初步了解。

3）准备野外用的器材。野外调查常用的器材有罗盘、地质锤、放大镜、照相机、图夹、笔记本、铅笔、橡皮及三角板。

（2）调查方法。主要包括群众访谈和野外现场调查。

1.6.6.3　泥石流

1．调查要点

（1）泥石流沟流域调查。查明流域形态特征和流域面积，确定泥石流形成区、流通区和堆积区的范围；了解流域内泥石流固体物质（含固体废弃物）的性状及分布情况；了解沟域地形地貌、气象水文、地质构造、地层岩性、地震活动、土地类型、植被覆盖程度等，确定泥石流的类型。

（2）泥石流特征调查。综合判别沟域形成泥石流的条件，确定泥石流的类型；调查泥石流形成区的水源类型、水量、汇水条件、山坡坡度、岩层性质及风化程度断裂，滑坡、崩塌、岩堆等不良地质现象的发育情况及可能形成泥石流固体物质的分布范围、储量；调查流通区的沟床纵横坡度、跌水、急弯等特征，沟床两侧山坡坡度、稳定程度，沟床的冲淤变化和泥石流的痕迹；调查堆积区的堆积扇分布范围、表面形态、纵坡、植被、沟道变迁和冲淤情况，堆积物的性质、层次、厚度、一般粒径、最大粒径及分布规律。判定堆积区的形成历史、堆积速度，估算一次最大堆积量；调查泥石流沟谷的历史，历次泥石流的发生时间、频数、规模、形成过程、爆发前的降水情况和爆发后产生的灾害情况；调查开矿弃渣、修路切坡、砍伐森林、陡坡开荒及过度放牧等人类活动情况。

（3）泥石流危害调查。了解泥石流危害的对象、危害形式，圈定泥石流可能危害的地区，并对其危害程度及趋势进行分析。

（4）了解泥石流的勘查、监测、工程治理措施、生物治理措施等防治现状及效果，提出防治建议。

2. 调查方法

（1）以地面调查为主。不需要动用勘探手段，以地面调查为主，充分利用卫片、航片、地形图、水文气象资料和地方志等资料。

（2）调查路线。先从泥石流堆积扇的水边线开始，沿河沟步行调查到沟缘，再上到分水岭俯览全流域，进行宏观了解后返回。

1.6.6.4 地面塌陷

1. 调查要点

（1）广泛收集资料。要广泛收集遥感、地形地貌、地质、水文地质、工程地质、气象水文及人类经济活动等资料。

（2）地形地貌。查明调查区所属地貌单元，划分地貌类型，掌握新构造运动的地貌表现；对岩溶地貌，要划分岩溶发育阶段，在岩溶水补给区要注重调查干谷、盲谷、漏斗、落水洞、溶蚀洼地、陷落柱分布位置和排列方式（星散状还是线状）等溶洞或地下河存在的标志；在径流区岩溶水呈脉状管流，注重查明明流暗流交替、层状溶洞与河流阶地的对比、高角度大断裂与非可溶性岩石的位置（隔水层），分析深溶洞存在的可能性；在排泄区，岩溶水呈网流状态，具有统一水位，注重查明岩溶泉（尤其是大泉）、出水洞的位置和分布，追索入水洞。

（3）第四系地质情况。查明第四纪地层、岩性、厚度、分布情况，分析土洞存在的可能性、规模和分布情况。

（4）基岩地质情况。查明地层的时代、岩性组合、接触关系、厚度、分布范围；要特别注意可溶性岩层与围岩的关系。如华北地台奥陶系马家沟组石灰岩与石炭系为假整合接触关系，其间缺失志留系、泥盆系和下石炭统，长时间的沉积间断，使马家沟组石灰岩必然存在古岩溶；此外，本溪组为含煤地层，有机矿床形成于还原环境，必然有硫化矿物相伴生（如黄铁矿），硫化矿物遇氧生成硫酸，这就加速了马家沟组石灰岩岩溶的发育。查明地质构造与区域地质构造的关系，特别注意断裂构造和节理裂隙的发育程度，划分出新断裂、老断裂、活断裂及其与地下水的关系（阻水断裂、导水断裂、富水断裂）。

（5）水文地质情况。查明地下水的储量、开采量、补给量，地下水补径排的方式和途径，有无降落漏斗，降落漏斗是孤立分散还是统一的等。

（6）气象水文情况。掌握多年平均降雨量、最大降雨量、暴雨及降雨季节、勘查区沟谷最大流量、气温等信息。查明地表水入渗情况、产流条件、径流强度、冲刷作用，以及地表水的流通情况、灌溉、库水位及升降、不同季节地表水与地下水的水力联系情况。

（7）人类经济活动情况。包括城市、村镇、乡村、经济开发区、工矿区、自然保护区的经济发展规模、趋势及其与地面塌陷的关系。

（8）查明地面塌陷历史，计算塌陷平均密度，划分危险区。地面塌陷平均密度以每 10 年每平方千米地面塌陷的处数来计算。可将塌陷危险区划分为重度危险区（＞1 处）、中度危险区（0.2～1 处）、轻度危险区（＜0.2 处）、基本无塌陷区（0 处）。

2. 调查方法

地面塌陷调查包括情况调查、工程地质测绘、勘探和监测 4 个阶段。

1.6.6.5 地裂缝

（1）资料收集。收集区域地貌、第四纪地质及新构造运动资料、区域活动断裂资料、区域地震资料、区域地球物理资料、遥感图像资料、区域水文地质资料、区域岩土工程地质条件资料、历史上有关地裂缝记载资料及前人所做的地裂缝研究资料和市政设施、市政规划资料。根据已掌握的地裂缝的初步资料，全面分析工作区的地质环境条件、人类社会活动的方式、历史和规模及其对地质环境的影响程度。初步研究地裂缝与区域地质作用及人为作用的关系。

（2）现场调查访问。

1）要耐心细致地调查地裂缝对地面建筑的破坏形式、破坏程度和破坏过程；地裂缝对市政工程如自来水管道、地下水管道、天然气管道、煤气管道、地下电缆和人防工程等的破坏情况；地裂缝发育区域有无伴生的其他地质灾害，如地震、地面沉降等。

2）向当地居民或相关工程的管理部门访问地裂缝的发育过程，特别要注重向老年人的访问。访问地裂缝发育的时间、裂开过程（有无张开后又闭合）、变化特征和其他现象，如地裂缝裂开时有无地震、地声、地气或地光等。要注意记录被采访人的姓名、性别、年龄、地址和访问时间等。

3）注意调查访问地裂缝发生发展过程中相关因素的变化，如温度、湿度、降雨量、农田灌溉、集中抽取地下水和区域地震活动历史等。

（3）其他调查方法。有遥感图像解译、地质测绘、地球物理化学勘探、山地工程及钻探，具体可查阅技术规范。

1.6.6.6 地面沉降

1. 收集资料

地面沉降主要发生在平原区，特别是人口密集的城市区。在城市建设进程中，积累了丰富的资料。地面沉降调查评价，要重视以下方面资料的收集。

（1）地形测量资料。城市无论是公共设施建设（煤气自来水管线铺设、道路桥梁修建等），还是其他建设，都积累了不同时期的测量资料。收集整理这些资料，进行分析比较，就能得出地面沉降的速度和幅度。

（2）水文地质、工程地质资料。城市是水文地质、工程地质工作程度很高的地区，以下资料有助于地面沉降成因机制的分析评价。

1）第四纪地层岩性资料。由于地面沉降的地质条件是具有较高压缩性的厚层松散沉积物，因此必须首先搞清第四纪地层岩性厚度、分布（包括第四纪地层等厚度图）和松散堆积物的物理力学参数（含水量、渗透系数、液限、塑限、承载力等）。

2）地下水的储量、开采量、补给量资料。以此确定地下水开采的合理和不合理程度。

3）地质背景资料。其包括地层岩性、地质构造及其与区域地质构造的关系、第四纪地质发展史和新构造运动情况。

4）人类经济活动情况和发展趋势资料。查明人类经济活动情况和未来发展趋势，以评价人类活动对地面沉降的影响。

5）建筑物破坏、地表开裂资料。收集建筑物破坏、地表开裂情况的资料，分析其与地面沉降的关系。

6）查明地面沉降等级，提出防治地面沉降方案。根据地面沉降幅度、地面沉降等级，可将地面沉降划分为危害较大、危害中等、危害轻微和无害险 4 个级别。

a. 危害较大：沉降中心地带累计沉降幅度大于 1.0m。

b. 危害中等：沉降中心地带累计沉降幅度为 0.3～1.0m。

c. 危害轻微：沉降中心地带累计沉降幅度为 0.05～0.3m。

d. 无害险：沉降中心地带累计沉降幅度小于 0.05m。

2. 工程地质测绘与勘探

地面沉降危害较大或重要的城市，应进行大比例尺工程地质测绘。测量坐标系统宜采用 1954 年北京坐标系，高程系统宜采用 1956 年黄海高程系。地形图上需表示的内容按《工程测量规范》（GB 50026—2007）的相应规定及执行。

查明地表水入渗情况、产流条件、径流强度、冲刷作用，以及地表水的流通情况、灌溉、库水位及升降。开展渗水试验，提供渗透系数。查明地下水水位，提交地下水等水位线图。

对于地面沉降调查未及或不确切的重要沉降区可施以简单的钻探与物探，探测隐伏新裂、松散堆积层的厚度等，开展抽注水试验。

1.7 野外调查的记录

地质调查记录是最宝贵的原始资料，是进行综合分析和进一步研究的基础，也是地质工作成果的表现之一。

1.7.1 记录要求

衡量记录好坏的一个标准就是记录资料清晰、美观，文字通达。此外，还要详细、客观和图文并茂。

（1）详细：内容要真实、详尽地记录。

（2）客观：看到什么记什么，如实反映，不能凭主观随意夸大或缩小或歪曲。为了提高观察的预见性，促进对问题认识的深化，可以在记录上表示出作者对地质现象的分析、判断。

（3）图文并茂：图是表达表现地质现象的重要手段，许多现象仅用文字是难以说清楚的，必须辅以插图。尤其是一些重要的地质现象，包括原生沉积的构造、结构、断层、褶皱、节理等构造变形特征，火成岩的原生构造、地层、岩体及其相互的接触关系、矿化特征，以及其他内、外动力地质现象，要尽可能地绘图表示，好的图件的价值远远超过单纯的文字记录。

1.7.2 记录内容

综合性地质观察的记录，要全面和系统，例如进行区域地质测绘，常采用观察点与观察线相结合的记录方法，观察点是地质上具有关联性、代表性、特征性的地点。如地层的变化处、构造接触线上、岩体和矿化的出现位置以及其他重要地质现象所在。观察线是连接观察点之间的连续路线，即沿途观察，达到将观察点之间的情况联系起来的目的。观察点、观察线的具体记录内容如下。

（1）日期和天气。

（2）实习区的地名。

（3）路线：实习基地—经过何处—到达何处—目的地—原路返回，线路记录清楚。

（4）观察点编号：依次为 No. 01、No. 02、No. 03、…。

（5）观察点位置：尽可能详细记录具体位置（如在什么山、什么村庄的什么方向，距离多少米，是在大道旁还是在公路边，是在山坡上还是在沟谷里，是在河谷的凹岸还是在凸岸等）和观察点的标高（海拔高度）。观察点的位置要在相应的地形图上确定并标示出来。

（6）观察目的：说明在本观察点着重观察的对象是什么，如观察某一时代的地层及接触关系，观察某种构造现象（如断层、褶皱……），观察火成岩的特征，观察某种外动力地质现象等。

（7）观察内容：详细记录观察的对象，这是观察记录的实质部分。观察的重点不同，相应地有不同的记录内容。如果观察对象是层状地质体，则可按以下内容进行记录：岩石名称，岩性特征（包括岩石的颜色、矿物组成、结构、构造和工程特性等）；化石情况（有无化石，化石的多少），保存状况，化石名字（岩浆侵入体无此项记录）；岩层时代的确定；岩层的垂直变化，相邻地层间的接触关系，列出证据（岩浆侵入体记录侵入接触关系或沉积接触关系）；岩层产状，按方位角的格式进行记录（岩浆侵入体记录岩脉、岩墙、岩床、岩株或岩基）；岩层出露处的褶皱状况，岩层所在构造部位的判断，是褶皱的翼部还是轴部（岩体侵入的构造部位是褶皱轴部或翼部，是否沿断层或某种破裂面侵入）；岩层小节理的发育状况，节理的性质、密集程度，节理的产状，尤其是节理延伸的方向，岩层破碎与否，破碎程度，断层存在与否及其性质、证据及断层产状；地貌、第四系（山形、阶地、河曲等），河谷纵、横剖面情况，河谷阶地及其性质，水文、水文地质特征及物理地质现象（如喀斯特、滑坡、冲沟、崩塌等的分布），形成条件和发育规律，以及对工程建筑的影响；标本的编号，如采取了标本、样品或进行摄影等，应加以相应标明；其他补充记录。

（8）路线小结：扼要说明当天工作的主要成果，尚存在哪些疑点或应注意之点，每天回实习基地，应把当日记录的野外地质资料分门别类（按构造、岩石、地质作用、水文地质、工程地质、环境地质等）进行系统整理，确认当日的收获，找出不足，以利于明日改进，不断进步，同时为编写实习报告准备素材。

以上记录项目应逐项分开，除日期和天气在同一格内之外，其余各项均要另起新行。

除了文字资料之外，有条件时野外记录还应配有图件（照片、素描图、示意图等）。一幅图往往更能直观、典型地反映野外实际情况，常胜过大段文字描述，收到事半功倍的效果。一般在记录簿的右页记录，在左页绘图。

第 2 章 基 本 理 论

2.1 实 测 地 层 剖 面

2.1.1 概述

1. 目的意义

地质剖面图是采用一定的比例尺，运用不同的符号反映岩层、岩体在某一方向上真实产出状态的剖面图。实测地层剖面可建立正确的地层层序、确定填图单位，是野外地质填图的前提工作之一。通过实测地层剖面，可查明地层层序、地层时代、地层厚度、接触关系及各地层的岩性特征（如成分、结构构造、含矿层位及特征等）。实测地层剖面是地质制图的关键，也是研究构造不可缺少的环节。

2. 分类

（1）据研究目的的不同，可将地质剖面图分为地层剖面图和构造剖面图。

1）地层剖面图。反映地层层序、厚度、古生物特征、含矿性、地层的形成时代及其接触关系的地质剖面图，称为地层剖面图。一般在填图之前测制。

2）构造剖面图。反映各种构造现象，如断层、褶皱的地质剖面图称为构造剖面图。它可以展示区域内的基本构造特征。如果构造复杂可放在填图之后，对实习区构造大体搞清楚之后进行。

（2）根据制作方法的不同，可将剖面图分为实测地质剖面图和图切地质剖面图。

3. 内容

岩性符号：表示各种沉积岩、岩浆岩、变质岩的岩性。

地层代号：表示地层代号，如 $C_2 b$。

产状符号：表示各地层的产出状态。

地层接触关系符号：表示地层的接触关系。

图层符号：表示断层的形态类型。

图件要素：图名、比例尺、剖面图方位、图例、责任表。

其他符号：表示所经过的村庄、山峰、河流等。

2.1.2 准备工作

准备工作包括剖面线的选择、基准线的选择、比例尺的选择、人员及文具用品配备等。

1. 剖面线的选择（实测剖面路线）

实测剖面之前必须对研究区进行野外踏勘，选择实测剖面线。选择剖面线的一般要求如下。

（1）剖面线距离短而地层出露齐全，所测地层单位的顶面和底面出露良好，接触关系清楚，厚度在测区内有代表性。

（2）地质构造简单，尽量选择未遭受褶皱、断层和侵入体破坏而发生地层重复或缺失的剖面。

（3）剖面地层露头的连续性良好，可充分利用沟谷的自然切面和人工采掘的坑穴、沟渠、铁路和公路两侧的崖壁等，作为剖面线通过的位置。

（4）实测剖面的方向应基本垂直于地层走向，一般情况下两者之间的夹角不宜小于60°；当露头不连续时，应布置一些短剖面加以拼接，但需注意层位拼接的准确性以防止重复和遗漏层位，最好是确定明显的标志层作为拼接剖面的依据。

（5）通行、通视条件良好，经过地带较平缓、拐折少，一般选择山沟或山脊。

实测剖面线选在山西省交城县水峪贯镇寺沟剖面，它符合以上条件，出露地层为$C_2b—T_2er$。

2. 基准线的选择

反映岩层沿某一确定方向产出状态的方向线，主要由起点到终点的方向及岩层产状确定。

地层剖面是一尺一尺拉出来的，每一导线的方位不可能完全一致，那么，在每一导线的方位上，岩层的产状（或视产状）是不一样的。为了表示岩层沿某一确定方向的产出状态，必须将每一导线内岩层的倾角换算为沿基准线方向的倾角或视倾角。由于这样的换算会造成绘地形剖面与真实地形剖面的不一致及反映在图上的岩层厚度会比岩层的真实厚度大或小，因此必须注意：导线与基准线方向的夹角应尽量小，要求小于30°。因为夹角越小，反映在剖面上误差就越小，就越接近真实情况。

实测基准线选择185°～5°，因此导线的方位应控制在155°～215°范围内；起点高程从地形图查找。

3. 比例尺的选择

剖面图比例尺的确定决定于制图比例尺（即所填地质图的比例尺），制图比例尺越大，剖面图比例尺就越大；反之，制图比例尺越小，剖面图比例尺就越小。

另外，剖面图比例尺应大于制图比例尺。如1：5万地质图，可视具体情况采用1：5000的剖面图。

再者，各地层的重要程度即含矿性不同，其采用比例尺也就不同。重要的地层比例尺应大些，其他地层的比例尺应小些。

实测剖面的比例尺按研究程度根据实际情况确定，实习工作以1：1000到1：2000为宜，出露宽1～2m的岩层都应画在剖面图上。有特殊意义的标志层或矿层，出露宽度不足1m也应放大表示到剖面图上；为了便于消除误差，剖面起点、终点及剖面中的地质界线点都应标定在实际材料图上。

4. 人员配备及分工

人员配备及分工，可视具体情况安排，人少了会影响工作进度及测图质量，人多了会造成窝工现象。本次以实习小组为单位制图，每小组15人左右，其分工如下：

前后测手 4 人。任务：拉测绳，测导线方位角及坡角，丈量导线长度等。

分层员 2~3 人。任务：划分岩层、地层、丈量分层斜距，指挥协调全组工作。

记录员 2 人。任务：将实测数据和信息记录在"实测地层剖面记录表"上。

岩性描述员 2~3 人。任务：详细描述每一岩层特征，并记录在实测地层剖面记录本上，其编号要与实测地层剖面记录表上的编号一致。

绘图员（机动人员）1 人。任务：绘制实测地层剖面草图或机动。

采标本员 1 人。任务：采集岩石、矿石、化石等标本。标本的规格为 2cm×5cm×8cm 或 3cm×6cm×9cm。

测产状人员 2 人。任务：测量各分层岩层的产状，报记录员记录在表上。

5. 所需文具用品

测绳或皮尺 1 条、小钢卷尺 1 个、剖面记录表若干张、笔记本 2 本（野外记录岩性，室内岩性整理）、纸夹 2 个、米格纸每人 1 张（规格约 700mm×500mm）；大三角板 2 副、量角器 2 副、三大件；白胶布、麻纸若干；0 号图版 1 块/2 人；丁字尺 1 个/2 人。

2.1.3 实测方法

实测地层剖面图一般由老地层开始，向新地层进行，下面就实测一次导线的方法介绍如下。

（1）由前后测手拉好测绳或皮尺，量出导线长、导线方位角和坡角，并将数据报给记录员和描述员。

坡角有正有负，以前进方向（后测手）为准，仰角为正，俯角为负（图 2.1）。二人测出的坡角及方位角误差应小于 2°，取其平均值；否则重新测量，直到符合要求为止。

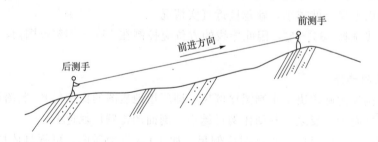

图 2.1 前后测手示意图

完成上述数据测量后，前后测手应坚守岗位，直到这一导线的工作全部完成，再进行下一导线的测量，后测手必须站在前测手先前所在的位置。

前测手所在的位置，应尽量站在不同岩层的分界处和测量路线的拐点处，以利于数据的换算和下一导线的测量。

（2）分层员根据实测剖面的精度要求进行分层。

岩层的划分常以岩性为单位，如灰岩、砂岩、泥岩等。岩层的划分还与剖面图的比例有关，比例尺大应划分细些，比例尺小则可粗一些。通常，如果岩层的厚度按比例尺在剖面上能以 1mm 的宽度表示出来，就应将其单独划分。但重要的岩层、矿层不受此限。例如，剖面图的比例尺为 1∶1000，则大于等于 1m 的岩层就应划分出来。若有 0.5m 厚的重要矿层，也应将其划分出来。

分层员在分层时应注意下列几种情况。

1）如果某一岩层太薄不能划分，则可作为其他岩性的夹层，如页岩夹砂岩，这时应注明夹层的厚度。

2）如果某两种或两种以上岩性数量近于相等，并呈互层产出，则可作为互层划分一层，但要注明其特征。

3）如果某岩层厚度很大，划为一层不妥，可根据单层厚度、胶结物、层理类型等划分。

总之，划分地层既要符合精度要求，又要从实际出发，避免过细或过粗。

（3）其他人员不能闲着，各自负责的工作同时进行。

1）记录员在"地层实测剖面记录表"上记录各种数据（见附表）。

2）岩性描述员进行岩性描述。岩性描述需要记录在专门的实测地层剖面记录本上，其记录格式如下：

岩性描述应对各分层的岩性进行详尽描述，内容包括颜色、矿物成分及含量、胶结物的成分及含量、杂基的成分及含量、古生物化石、结构构造、次生变化等等。

岩性描述员应特别注意以下两点：①各岩层的编号必须和剖面记录表上的编号一致，否则将出现混乱，给野外工作带来不应有的损失。②岩性描述员必须清楚地知道分层对各岩层是如何划分的，否则岩性描述的内容与所分的岩层不一致。

3）绘图员勾绘地质剖面草图。

4）采标本按规格采集，贴上胶布、编号，并将编号列入记录本相应一栏。

5）测产状。一般要求每个分层都要有产状，但有些分层的产状测不出来，可借用临层的产状。测量产状时必须仔细、认真、准确、有代表性，否则所求岩层的真厚度将出现较大误差。

6）导线平移。在实测过程中，由于受地形、岩层产状等的限制及断层的影响，导线要进行平移。即从某点的一个层面上平移至另一点相同岩层的岩面上，以利继续测量。

以上是野外实测地层剖面的基本步骤。

2.1.4 室内整理

室内整理分为每天的整理和最终的全面整理。其内容有：数据的核对及换算，标本样品的整理，导线平面图、实测剖面图及实测柱状图的绘制。

室内每天的整理主要侧重于数据的核对及换算，标本样品的整理，最终的全面整理侧重于编图工作及原始资料的装订成册。

1. 数据的核对及换算

（1）数据的核对。主要是将野外记录表和记录本的各种数据进行检查和核对，发现有差错及时纠正。

（2）在以上工作基础上进行数据的换算，其内容见"实测地层剖面记录表"，共有6个项目。

1）导线的平距（M），即前后测手所站的位置的水平距离。其计算公式为

$$M = L\cos\beta$$

式中：L 为分层斜距；β 为坡角。

2）导线的高差（H），即前后测手所站的位置的高程差。其计算公式为

$$H = L\sin\beta$$

高差有正负之分，根据坡角正负而定。

3）累计高差，从第一导线开始依次累加。

4）地层厚度，为每一层岩性分层的真实厚度，即真厚度（地层顶面与底面间的垂直距离）。在构造地质学中利用下式进行计算：

$$h = |L(\sin\alpha\,\cos\beta\,\sin\gamma \pm \sin\beta\,\cos\alpha)|$$

式中：L 为分层斜距；h 为分层厚度；α 为岩层倾角；β 为坡角；γ 为导线的前进方向与岩层走向的夹角。

公式中，当坡向倾角相反时，取"＋"；当坡向倾向一致时，取"－"。

5）累计厚度，即从下往上累计相加。

6）平距，即每一层的平距，其计算公式与计算导线的平距相同。

2. 样品标本的整理

将采集的各种岩石、化石、矿石标本进行编号、登记，填好标签并进行包装。

3. 实测地层剖面图的编制

投影法实测图的绘制主要由两部分组成，上部为导线平面图，下部为地层剖面图，其绘制步骤如下。

（1）在地形图上定出剖面的总方向和总高差。起点与终点的连线方向即为大致的总方向（有时定的方向不是两点的连线，这是因为要考虑地层的倾向），本次实测地层剖面图的总方向为 185°。

（2）图纸定向，即将基准线的总方向在图纸上固定下来，以此为依据作图。要求基准线与坐标的横坐标平行，左端应表示西、北西、南西或南，右端则为东、南东、北东和北的方向。

（3）确定导线平面图和地层剖面图的起点位置。平面图和剖面图的起点的位置应选择适当，方能使图面布置合理，避免绘出的图偏高或偏低，甚至超出图纸，或平面图与剖面图重叠等现象发生。起点的选择主要依据高程（包括剖面内最大高程、最低高程及起始点高程）、导线方向及长度（偏离基准线的距离）的数据。

（4）绘导线平面图。依据每一导线的方位角和平距绘出，导线平面图的内容包括导线、导线号、地质界线、地层代号、产状要素（可选择标出）、矿层及断层等。

（5）绘地形线。根据导线各点的高程，由平面图的对应点投影到剖面图上相应的高程位置为止；再根据地形特征勾绘出圆滑的地形线。

（6）绘地质内容。

1）绘制不同的岩性符号。由于基准线方向不一定同地层倾向一致，故画岩性界线时，要按剖面方向的视倾角绘制。

2）岩性符号长度 2cm，段界线 2.5cm，组界线 3cm。注意，所表示的岩性符号长度应从地形线向下 1～1.5cm 为宜，若地层倾角与地形线夹角较小，长度应相应加长。

3）如果导线经平移，剖面图也应错移开，平移导线用虚线表示。

4）标上真实的产状和地层代号。

5）整饰图面，检查图件基本要素（图名、比例尺、方位线、图例、高程、责任表等），责任表格式见表 2.1。

表 2.1　　　　　　　　　　　　　责 任 表 格 式

图　名	交城县水峪贯区寺沟实测地层剖面图		
制　图	张三	资料来源	实测
清　绘	李四		
审　核	王五	日期	年　月　日

4. 实测地层柱状图的编录

实测地层柱状图是根据实测地层剖面内出露头地层的新老叠置关系恢复成水平状态切出的一个地层柱子。在柱子中表示出各地层单位或层位的厚度、时代及地层系统和接触关系等。岩性描述主要从颜色、成分、结构、构造、生物残体、次生变化等方面入手。

地层综合柱状图的基本内容见表 2.2。

表 2.2　　　　　　　　　　地层综合柱状图的基本内容

界	系	统	组	段	地层代号	层号	柱面	层厚	岩性描述	标本

2.2　野 外 地 质 填 图

2.2.1　概述

野外地质填图又称地质制图，是在路线踏勘及实测剖面工作的基础上，在野外选定地质点，连接地质界线最后绘制成一张所要求比例尺的地质图。根据所填地质图比例尺的大小或工作的详细程度分为 4 种类型。

1. 概略地质制图

比例尺为 1：100 万和 1：50 万，属小比例尺地质测量，一般在地质空白区进行。目的是概略了解该区的地质构造和矿产远景，按国际分幅进行。

2. 区域地质制图

比例尺为 1：20 万和 1：10 万，属中比例尺地质测量，它是在做过概略地质制图或其有一定地质研究程度的地区进行。其目的是较详细、全面地查明该区地质情况和成矿规律，按国际分幅进行。

3. 详细地质制图

比例尺为 1：5 万和 1：2.5 万，属大比例尺地质测量（又称为普查找矿）。它是在做过 1：20 万区域地质调查的地区进行，并在成矿远景区工作。按国际分幅进行。

4. 专门性地质制图

比例尺为 1：1 万和 1：5000 或更大。其目的是预测矿产，直接为找矿服务，不受国际分幅限制。

本次填图实习的比例尺为 1：2.5 万，属详细地质制图，填图面积为 18km²，纬向坐标为 4168～4172km，经向坐标为 19580～19585km。

2.2.2　准备工作

填图的目的是利用地质图来有效地指导后期工作，而我们前阶段所进行的所有工作都是为填图做准备的。没有这些准备工作，地质填图是无法进行的，除此以外，还需要做以下工作。

1. 确定填图单位和选定标志层

（1）填图单位的确定。填图单位是在填图过程中应勾绘的最小地质体或最小地层单位。它决定于所填地质图比例尺的大小。原则上规定各种地质体在地层图上能达到 1mm 的宽度就应划出来，但对一些重要的地层、矿体则不受此限制，可夸大绘出。所以一般来说，比例尺越小，填图单位越大；比例尺越大，填图单位越小、越详细。常见地质图的比例尺大小及填图单位见表 2.3。

表 2.3　　　　　　　　　　　　　　地 质 填 图 单 位

地质图的比例尺	填图单位	地质图的比例尺	填图单位
1：100 万	系	1：5 万	段
1：50 万	统	1：1 万	层
1：20 万	组		

填图比例尺为 1：2.5 万，应划分到段，但考虑到是以掌握填图方法为实习目的，因此填图单位定位为组。如果以段作为填图定位，便会大大地增加工作量。

（2）标志层的选定。标志层是以能作为指示划分填图单位的特殊岩层及在填图区内能有效对比的岩层。它对于地层的对比、确定地质界线、研究构造特征等方面均具有重要意义。标志层的选定要求如下。

1）层位稳定，即只在一定的层位上出现的岩层。

2）厚度不大、岩性稳定、分布广泛。

3）岩性特征显著，或者含有标准化石，或者具有特殊岩性（包括岩性、层理及层面构造）及特殊的颜色。

必须指出，标志层的标志性是相对的。一个标志层不一定具有以上所有特征，只要在某一填图区能进行对比的岩层就可作为标志层。但如果它在更大的区域内不能进行对比时，则又不能称为标志层。其次，一个标志层可以正好是地层的分界，也可以不是（如太原组的毛儿沟灰岩）。多数情况下，每一地层单位开始的第一层均为标志层，但又不尽然（如本区的桃花泥岩）。

2. 布置观察路线

进行地质填图是按照填图比例尺及地质条件的复杂程度、地形条件，布置一系列的观察路线，在每一条观察路线上对一系列点进行观测。通过观察点和观察路线在全区构成一个完整的地质观察网，以便了解全区的情况。

（1）地质条件分区。地质条件按其复杂程度可分为三类地区。

1）地质简单区。岩相稳定，标志层明显，岩层产状平稳，褶皱规则，断层稀少。

2）地质中常区。岩相不稳定，标志层不明显，褶皱规则，断层较多，有局部岩浆岩分布。

3）地质复杂区。褶皱、断裂复杂，岩层变质，有不同时代的岩浆活动。

本实习区属地质中常区。

（2）布置观察路线方法。

1）路线穿越法。横穿地层走向或构造线方向布线，相当于做一系列平行剖面的观察，可迅速了解地层、岩相、厚度在横向上的变化。中小比例尺最为常用，效率高。缺点是当岩相变化大时，不易对比地层。

2）顺层追索法。沿几条主要的地质界线或标志层追索，可查明岩层的接触关系、岩相、厚度及构造在走向上的变化情况。尤其在构造复杂、岩相变化大的地区常用。但受露头条件和通行条件的限制，工作量较大，故常用于大比例尺填图中，与路线穿越法结合使用。

3）全面踏勘法。检查填图区内所有地质露头点，构不成规则的填图路线，适合于露头零星地区，较少使用。

4）放射线法。以某一中心点向四周作放射状路线观测。适合查明一些圆形的地质体，如岩浆岩体的岩相带及穹窿等。

布置观察路线还要考虑地形条件，一般沿山脊或山沟布线。

（3）观察路线的密度。填图比例尺不同，密度要求亦不同，比例尺大则密度大，比例尺小则密度小。一般情况下（地质中常区），图面上每 1cm 布置一条路线。例如 1:5 万的地质填图应为 500m/条，但可依据具体情况适当加密或布置的稀一些。本次填图亦考虑地形、地层情况及实习的天数。

3. 地质观察点

（1）概念。在野外进行地质观察的基岩露头地点叫地质观察点。

（2）类型。可分为基本观察点和辅助观察点两类。

1）基本观察点包括以下几种。

a. 地层分界点（整合与不整合）。

b. 地质构造点（断层、节理、劈理、褶曲等）。

c. 岩体与围岩分界点。

d. 其他（如矿点、岩相分界点、水文点、地质点等）。

2）辅助观察点：当两个基本观察点的距离超过要求，两点间地层又属于同一填图单位时，增加辅助观察点，以控制岩体及产状的变化。地层观察点有时可一点多用，如一个点可同时表示地层分界和断层。

（3）点的密度。点的密度决定于填图比例尺及地形条件的复杂程度。一般情况下（地质中常区），图面上每 1cm² 应有一个地质点控制，但根据实际情况可适当加密或放稀，在观察路线上点间距应控制在 1~2cm 为宜。

选点要认真、仔细，要有预见性。即根据所掌控的地质情况及地质规律，判断下一个点应是什么点，然后有目的地去寻找，以避免遗漏。

地形地貌、水文特征、植被特征与构造有一定的对应关系，可结合这些特征判断地质点的存在与否。

2.2.3 野外观察与记录

1. 选点与定位

（1）选点。选择有地质意义的地点，如地层分界点、构造点等。

（2）定位。将地质观察点准确地定位在地形图上。定位的准确与否将直接影响地质图的质量，所以定位时一定要认真，反复检查所在位置，并且应熟悉本区地层层序及分布情况。

定位主要有以下几种方法。

1）交绘法：利用地表实际存在而在地形图上也标出的 2 个或 3 个地物（如三角点、房屋、山头等），用罗盘进行后方交绘，将点定在地形图上。当用两个地物时，本地质点与这两个地物连线的夹角应在 60°～120°之间，不宜太大或太小，否则定位将不准确。当用三个地物连成时，可构成一个三角区，三角区的中心点便是所定点的位置。

举例：A 地物为 NE50°，B 地物为 NW330°，在图上用量角器由 A 地物向 230°（50°+180°）方向，由 B 地物向 150°（330°-180°）方向各引一虚线，使之相交，交点即为所在点位。用此法时，一定要测量准确，否则 1°～2°之差，便会造成很大的误差。

2）视距法：据某地物的方位及与本点的距离确定所定点的准确位置。方位用罗盘确定，距离用目测、步测或用皮尺测量，距离误差不超过 4%。

3）目估法（概略估算法）：用肉眼观察判断所在点的位置。此法主要是利用地物的特征（如山峰）、高度特征（如站在山坡上，对比山沟和山脊的高度判断所在点的位置）、顺序特征（如根据前一个地质点的位置及它与所在点的距离和相互位置）判断所在点位。

4）利用航片：利用航片在立体镜下观察确定点的位置。

定好观察点之后，随即在地图上标注点号，以避免和其他点混淆。

2. 观察与记录

除了定点之外，要对地质点的内容进行详细的观察与记录，这是编图的第一手资料。地质点的类型不同，观察与记录的内容也不同。主要地质点的观察与记录的内容如下。

（1）地层分界点：上下地层时代、岩性、厚度、产状及接触关系。

（2）断层点：断层的各种标志，两盘地层时代及岩性和产状、相对位移、断层面的产状、断层类型、地层断距、伴生构造等。

（3）褶皱点：核部地层、两翼依次出露的地层、两翼岩层的产状、褶皱类型（如圆滑的，尖棱的）、枢纽及轴面产状、转折端形态、规模等。

（4）其他地质点：其他类型的观测点亦有不同的描述内容，如侵入体接触点、矿产点、水文点。记录表格式见表 2.4。

表 2.4   地质填图定点记录表

素描图	年　月　日　星期：　天气： 观察路线：　　　　　　　任务： 点　号： 点　位： 点　性： 岩性描述： 点间（岩性及构造变化）

3. 勾绘地质界线

地质体界面与地表面的交线称为地质界线，包括地层、岩体、断层等与地表面的交线。

根据同一地质界线的相邻两个出露点，将其合理地用实线连接起称为勾绘地质线，该工作必须根据野外实际勾绘。勾绘地质界线时不仅要考虑地质界面本身为规则的界面还是不规则的曲面，而且还要考虑地形特征及两者的关系，即所谓的"V"字形法则。

通常平整的地质体界面与地面的交线符合"V"字形法则，如岩层的出露线、断层线等。判断此种地质界线勾绘正确与否的方法如下。

（1）据地质界线与地形等高线的相互关系，在图上求出地层的产状与所测产状进行对比，一致者正确，反之不正确，进行修改。此法适用于大比例地质图。

（2）用"V"字形法则判断，符合者正确，反之不正确。此法主要适用于大比例尺，在中小比例尺图上的地质界线只是大体上应反映岩层的总体延伸方向。

（3）在任何地形条件下，顺地层倾向观测，地层界线由高到低为正确；逆向观测地层各线由低到高者正确，反之则错。

对于不规则曲面的地质体（岩体，矿体等），其地质界线的弯曲没有规律，不符合"V"字形法则。故对于此种地质界线，一般采用沿界面追索的方法，加密地质点的间距，以便较精确地控制地质界线的位置。

地质界线的具体勾绘方法可采用近勾远校或远勾近校。所谓近勾远校，即有时由于一个点上的地质情况不易明确判断，在点上无法勾出，而在较高处或较远处能清楚分辨此点的地质界线者，可先在点上大致勾出，而在远处加以校正。远勾近校是现在远处将能看清楚的地质界线大致勾出，再到点上加以精确定位。

另外，判断地质界线所在部位可借助一些明显的地形地物标志。不同的岩性，抗风化能力不同，所以在某些地质界线处或形成鞍部，或形成陡坎，可用此特征大体判断地质界线的位置。此特征在本实习区榆林沟的∈、O地层中尤为明显，在填图区较新底层也是如此。

4. 绘制地质素描与摄影

地质素描图是一种重点反映地质内容及其一些重要的地形地物的三维立体图，它具有形态逼真、使人一目了然的特点，所以它是准确反映地质现象的一种方便的手段，是其他方法所不能代替的，所以在野外应多绘一些素描图，尤其是绘制一些重要的地质现象的素描图。

素描的内容有地层不整合接触关系、侵入体与围岩的接触关系、褶皱、断裂等，其次还有流面、流线、节理等。

除此之外，还可用剖面示意图和信手剖面图来反映地质现象。它们均是反映二维空间的图件。利用这些图件同样可反映重要的地质现象，同样不失为描述地质现象的有效方法，而且它比地质素描图有简单易画的特点，初学者容易掌握。剖面示意图反映一个露头的地质现象，垂直方向和横向比例尺大体一致。信手剖面图是边观察地质内容边绘制的图件，所以它应反映观察路线上的内容。

2.2.4 室内整理

为了使在野外调查中所获得的地质资料完整、准确，必须进行整理，否则将造成资料的混乱或丢失，给工作造成不应有的损失。整理的目的是把收集起来的资料逐步综合起来，使之系统化，及时发现填图中存在的各种地质问题，以指导下一步的工作。因此要求做到边调查、边整理、边综合分析研究。

野外工作阶段的室内整理按工作性质和时间，可分为当天整理、阶段整理和最后整理。由于实习填图时间短，阶段整理和最后整理合并进行。

1. 当天整理内容

（1）清绘地质图。将当天所测的地质点、地质界线、岩层产状进行修整、上墨清绘。

（2）整理笔记本。对当天路线上的重点问题进行研究小结；通过所采化石、岩矿标本的初步鉴定、修改和补充野外记录；清绘整饰素描图和路线剖面图。

（3）整理标本样品。对所采标本进行选择，去掉多余的，并进行编号、填表、肉眼鉴定及检查标签是否完好。对应送样的标本、样品，要填写送样单及时送检。

2. 最后整理内容

在野外工作结束或基本结束后进行，目的是全面整理各种野外实际资料，综合分析所填地质图是否符合地质规律，最后提供所要求的全部野外资料，提交实习报告书及各种图件，包括：报告书，各种图件，地形地质图、柱状图、实测剖面图、图切剖面图、实际材料图等，野外地质记录本及各种编录，各种化石、岩矿标本。

3. 注意事项

（1）填图前要正确建立地层层序，选好填图单位和标志层，并对地质构造有一定的认识。

（2）路线观测中要有预见性，多填地质界线。地层的分布及构造的延展都是有规律的，当填完第一个点后，应有目的地寻找第二个点。当遇到断层点后，应有目的地去沿其走向进行追索。由于实际地质情况的复杂性，有时会遇到暂时搞不清楚的问题，这时应根据实际的地形、地层、构造情况，设想最合理的解释。同时可通过多填地质界线来解决，随着填图面积的增大和对本区地质情况认识的深化，舍弃一些无意义的地质界线。

（3）远观近观——远观和近观相结合。

远观能了解某种地质体和总体之间的相互关系及它在构造范围内所处的位置，但远观不能准确地认识局部地质体的特征，仅是综合地概括。

近观可以准确地了解此部分地质体本身的特征，但由于视野受到局限，又不能了解它与大构造的关系，所以远观和近观应相互结合，各取其优点，从而全面、准确地了解某部分地质体的总体与细部的特征。

（4）填图时要特别重视产状，勾绘地质界线要综合考虑产状要素和地形条件及断层等构造。地层的产状是判断地质界线、褶皱、断层的重要因素。地质界线的形态，不仅取决于地形条件，更重要的是地层产状。岩层直立——界线不受地形影响；岩层水平——界线与等高线平行；岩层倾斜——符合"V"字形法则。产状相同的地质体，由于地形条件不同，地质界线的弯曲亦不同。

（5）应对已知矿点进行调整，如填图区内的煤矿及水文点等。另外要注意以下几点。

1）断层在图面上延伸 1cm 以上要填上；一条断层应由 2 个以上的点控制。

2）第四纪黄土，面积小于等于 $4cm^2$ 不填，大于 $4cm^2$ 的借助航片在立体镜下勾绘。

3）每个观察点都应有产状记录，并应把产状标在地形图的相应地质点上。

4）编号：按 D_{01}，$\cdots$，D_{0n} 顺序编号。

5）野外勾图必须用铅笔，以便修改。

6）地质点用"⊙"标出，圆圈直径 2mm，同时在记录本上记录。

第3章 实 习 内 容

3.1 实 习 目 标

1. 课程性质

水文水资源工程专业综合教学实习是一门实践教学课程，在完成学科基础课、专业基础课的基础上，通过野外实地教学与实习使学生初步掌握野外水文、地质、水文地质、环境地质调查工作的基本方法和步骤。旨在培养学生综合运用水文、地质、水文地质、环境地质知识进行工程实际问题分析，为学生能够进一步独立分析和解决工程实践问题奠定基础。

2. 教学目标

通过本课程学习，学会对各类岩石的野外观察、鉴定和描述；初步掌握各类地质构造的野外研究、观测、描述及制图方法；了解地层划分的一般原则和方法，掌握岩石地层和填图单位划分的原则和方法；学会实测地层剖面、简测地层剖面、信手剖面及沉积岩区大比例尺地质图测制的基本方法；初步掌握水文及水文地质和环境地质调查的基本内容与方法；初步掌握数字地质填图的基本方法和步骤；初步掌握主要综合图件及调查报告的编制方法等。培养学生具有一定的独立工作、分析问题、解决问题的能力。

3. 思政教学目标

培养学生敬业、精益、专注、认真负责的工作态度和严谨求实、一丝不苟的职业素养，让学生领会国家、社会和个人之间的关系是相互影响、相互促进的。

具体要求如下。

（1）使学生具有水文与水资源工程实习和社会实践的经历。能理解和运用本专业的所学知识，进行水文与水资源复杂工程问题的解决。

（2）培养学生独立分析问题的能力，能与团队成员合作共事，有效沟通分担任务，有效开展工作；能听取团队其他成员的意见和建议，做出合理决策。引入社会主义核心价值观，让学生领会国家、社会和个人之间的关系是相互影响、相互促进的。

（3）在撰写实习报告过程中，能够清晰、严谨、流畅、规范地表达实习成果。

（4）能够针对实习中出现的复杂问题，通过交流或自主学习来较好地解决。

3.2 实 习 要 求

水文与水资源工程专业综合教学实习是一项既保证质量又保证安全的综合实习，要求所有教师和学生给予高度重视。为了保证综合教学实习的顺利进行及取得良好的实习效果，在实习前成立实习队并严格按照学校、学院及太原理工大学地学实习基地的有关规章制度对指导教师和学生分别作出相关要求。

1. 对教师的要求

指导教师是本实习的组织者、指导者，其言行直接影响学生的实习态度，其素质直接决定实习质量的好坏。因此，对实习指导教师有如下要求。

1）指导教师具有高度的责任感、认真的教学态度及严谨的工作作风。

2）严格遵守学校、学院及基地的有关规章制度，不迟到、不早退、不中溜。

3）根据实习的目的和教学大纲的要求，提前认真备课；结合实习学生的实际情况，有针对性地采取合理的教学手段和方法，积极指导学生实习。

4）及时纠正学生在实习过程中的不规范行为，定期或不定期考核学生，督促学生完成实习任务。

2. 对学生的要求

（1）学习上。

1）实行严格的考勤制度，学生若因事不能正常实习，必须履行请假手续，按时销假。无故旷实习 1 天者，给予批评教育，令其写出书面检查；无故旷实习 2 天者，上报学院、学校，由学院、学校给予通报批评；无故旷实习 3 天者，终止其本次实习资格，实习成绩按不及格处理。

2）严格要求自己，以严肃认真、实事求是的科学态度对待实习；严格按照教学大纲和指导教师的要求，开展实习。

3）善于观察、测量、记录和讨论。在每一个教学点上，将现场的地质、水文地质、工程地质、环境地质现象与理论知识联系起来，做好文字记录与素描，在现场能够积极地开展讨论，敢于发表个人的见解。

4）发扬团结协作精神，以保证实习的顺利进行及实习任务的完成。

5）及时整理野外记录，做到当天的记录当天整理、补充和总结，如发现问题，应及时查清或予以改正。

（2）思想上。学生要严格遵守学校、学院、实习基地的各项规章制度，服从基地、实习队及实习队队长、实习指导教师和实习组组长的安排。学生从思想上高度重视、从行动上积极落实实习的各项准备工作，高度重视自己的身心健康和生命安全，强化自身安全意识，增长自我防范知识，提高安全防范能力；要求学生明白在整个教学实习过程中自己必须完成的各个教学环节以及各教学环节对实习效果的影响。

（3）行动上。由于野外实习流动性大、不确定因素多、教学条件艰苦、学生不熟悉实习环境及学生自我保护经验不足等特点，决定了实习学生的身心健康、生命安全是保证实习安全有序、高质量完成的最重要的前提条件之一。为保障学生的实习安全，关键要做好以下几点。

1）言行。学生的一言一行代表了学校、学院的形象，实习时要注重自身的言谈举止，做一名文明礼貌的大学生。尊重实习指导教师、基地工作人员，与实习基地群众、兄弟院校和睦相处，自觉地维护学校和学院的声誉。

2）穿着。实习的野外着装要求：穿防滑鞋，穿长袖上衣、长裤（以防蚊叮虫咬，植物刺扎等），戴草帽及涂防晒霜（以遮阳防晒）。

3）饮食。要把预防食物中毒和疾病感染放在日常生活的重要位置，注意饮食卫生，不吃过期变质的食物，一律在基地食堂就餐；在野外不乱吃野果、不乱喝生水。

4）住宿。服从基地宿舍管理人员的安排和管理，自觉遵守作息时间。离开宿舍时须及时关闭门窗和电源。妥善保管好自身的财物，严禁私自外出住宿和接纳陌生人住宿。

5）行路。坐车时，服从基地车辆管理人员、司机和带班指导教师的安排和管理，排队上下车，严禁争抢座位，不在车上乱跑乱动。步行横穿马路、拐弯时，注意交通红绿灯信号和过往车辆、行人等。跋山涉水时，注意防滑倒、防落水、防滚石等。

6）其他。严禁私带火种（打火机、火柴等）上山，严禁弃火；严禁下河游泳、高空攀爬等。对借用的实习仪器等实习用品，要爱惜使用、妥善保管，实习结束后及时归还；如有丢失或损坏，按实验室的管理规定赔偿。自觉爱护实习区和基地内的公共设施、私人财物，不乱敲乱打，不乱踩庄稼，不顺手采摘瓜果等。

3.3 实 习 安 排

太原理工大学水文与水资源专业综合教学实习是在三年级第二学期末进行，实习周数为 3 周。根据水文与水资源工程专业多年来实践和教学大纲要求，将实习期划分为 5 个阶段开展教学活动：①准备阶段；②野外踏勘阶段；③实测地层剖面；④野外地质填图；⑤资料整理和成果编制。

3.3.1 准备阶段

1. 组织准备

实习前一个月成立专业实习队，并指定实习队长。实习前一周由实习队长负责进行实习动员会，介绍综合教学实习区的自然地理与地质环境条件、实习的目的、要求、教学任务、教学安排以及教学目标，明确各项准备工作要求，强调实习的相关规章制度、纪律要求及其注意事项。

2. 物质准备

实习前学生需准备的用品主要有：①实习和学习用品（如实习区相关背景资料、专业教材、实习指导书、实习用图、讲义夹、地质罗盘、地质锤、放大镜、皮尺、测绳、钢卷尺、记录簿、绘图工具、方格纸、报告纸、铅笔、小刀、电脑等）；②生活用品（如换洗衣物、洗漱用具、餐具、雨具、水壶、草帽、防晕车药品、防晒药品、防虫咬蚊叮药品等）。

3. 业务准备

指导教师的准备工作主要有：①充分了解学生前期对专业理论和实践知识的学习情况以及掌握程度，以便做好教学衔接工作；②认真熟悉专业实习教学大纲，明确专业实习的目的、要求、教学任务和教学安排；③集体备课，讨论并确定不同教学阶段的主要教学内容、教学要点、教学方法、教学安排、考核评分标准以及注意事项；④检查学生实习用品的准备情况，初步了解学生对专业理论知识和实践知识的掌握程度。

学生的准备包括：①了解实习的目的、要求、教学任务和教学安排；②熟悉相关专业理论和实践知识；③收集实习区的地质环境资料，了解实习区的基本情况。

3.3.2 工作区野外踏勘

明确踏勘的目的、任务，掌握踏勘路线布置的原则。了解工作区范围、通行条件、岩层出露情况、地形地貌特点、水文特征、主要构造线方向，地层分布和选择测制地层剖面的位置以及水文地质、工程地质和环境地质主要特征。初步学会调查点标定方法及岩层产状的测量方法。

踏勘路线：寺沟、榆林沟、王文、陈台、杨家岭、西冶川河沿线。在踏勘期间，教师指导学生熟悉野外调查与信息采集的基本操作方法、步骤和基本内容。

3.3.3 地层剖面测制

明确测制地层剖面的目的、意义和任务，掌握地层剖面线布置的原则，剖面分层原则、要求。初步掌握地层研究方法，学会岩石、化石标本采集及编录方法，填图单位划分的原则及要求。了解生物地层划分的一般原则和要求。掌握学会碳酸盐岩和碎屑岩的野外观察、研究及描述方法。

学会实测地层剖面理论方法和数据的记录（如导线、分层、分层描述、产状、化石、样品等）；学会剖面资料的室内整理、数据计算方法、剖面图、地层柱状图的绘制方法。

测制实习区寺沟 C—T 地层剖面，根据实际情况进行分组实测，每名指导教师指导一个小组，比例尺为 1∶1000 或 1∶2000。小组工作成果是有实测地层剖面记录表、实测地层剖面图、地层柱状图。

3.3.4 野外地质填图

明确填图的目的、任务和意义，掌握填图路线布置的原则和方法，各类地质界线野外勾绘、岩层、断层、节理、褶皱要素产状测量及在地质图上表示的方法。进一步掌握断层和褶皱构造野外观察、研究和描述的方法，对各类地层接触关系（整合、平行不整合、角度不整合）的野外观察、研究和描述方法，绘制信手剖面图的方法。

填图以小组为单位，但每人必须独立完成测区的全部填图及记录等工作。教师带领实习小分队现场进行地质填图 1 天，第二天学生以小组为单位按填图计划进行独立填图，教师中途进行野外检查。

填图过程中必须绘制一定数量的素描图。填图结束时，选择适当地点进行野外检查、验收，并对全部填图资料进行最终验收，不合格者要进行补课。

3.3.5 资料整理与成果编制

明确室内综合整理的目的、要求、内容和编写实习报告的方法。

3.3.5.1 图件

1. 实际材料图

采用 1∶2000 地形图作为地形底图，将实习期间的地质点、观测路线、地质界线、剖面线、各种产状、化石、井、泉、地灾、褶皱轴线等实际工作标在图中。掌握地质点号、地层代号、剖面编号、断层和岩层产状数字注记的原则和方法。它反映野外工作获得的实际材料、为复查和审查质量用。它的内容如下。

（1）地质观察点及其编号、地层界线、构造线、产状。

（2）地质观察路线。

（3）各种取样点、化石点、岩石和矿石样品点、水文点、地质灾害点。

（4）实测剖面位置，如寺沟实测地层剖面的起始点、终点。

（5）图名、比例尺、图例、责任表。

2. 实测地层剖面图

图名、比例尺、导线平面图、剖面图、柱状图、图例、岩性描述、责任表。此外，应提交原始记录表。

3. 图切剖面图

掌握图切剖面线位置的选择原则和剖面图绘制方法。剖面方向和位置选择原则：垂直主要构造线，切过全部或大部分地层。一条不够时，可切第二条剖面。

4. 野外地质填图

5. 实习区综合地层柱状图

学会地质图着色的方法和图框外的整饰。规格要求同实测地层柱状图，岩性描述要有概括性，岩浆岩体要绘出。

3.3.5.2 实习报告

明确报告的内容、要求，学会报告插图的选择、清绘和表格编制的方法。报告要求图文并茂，总字数 10000～20000 字，每人独立完成一份实习报告和相关图件。实习报告封面包括课程名称、学生姓名、班级、学号及指导教师等基本信息。

报告参考目录格式如下：

第 1 章　绪言

说明本次实习的任务与要求，实习计划和实际工作。

第 2 章　自然地理

2.1　地理位置

2.2　气象水文

2.3　地形地貌

2.4　社会经济

第 3 章　地质与地质构造

3.1　地层

由老至新、按序论述（分布情况、发育程度、地貌特征、露头情况等）。

3.2　岩浆岩

岩体的岩性、产状、内部分带、接触变质带、矿化特征；岩体形成时代和成因分析。

3.3　地质构造

介绍区域构造位置和基本特征；褶皱、断裂和节理。

第 4 章　水文地质

第 5 章　地质灾害

第 6 章　地质发展史

6.1　构造发展史

以构造运动为主线，由老至新叙述。

6.2 沉积发展史

从早古生代浅海相、晚古生代海陆交互相、陆相至中生代河流相进行分析，描述沉积环境。

6.3 生物发展史

从前寒至中生代的动物、植物化石入手，阐明生物演化发展的历史。

第7章 结束语

自评、感想、建议、存在问题及改进意见。

3.4 实 习 路 线

3.4.1 路线一 登高望远

1. 实习路线

实习基地——水峪贯镇——西冶川河——西冶川河榆林沟口南侧山坡——原路返回。

2. 教学内容

（1）地形图及罗盘的使用。

（2）岩层产状测量及节理观察分析。

（3）登高望远，了解实习区地理位置、地形地貌、河流水系及野外地质踏勘、实习路线。

3. 教学点

（1）教学点1：岩层产状测量及节理观察。

教学内容如下。

1）学会地形图及罗盘的使用，根据地物用交汇法在地图上定点位。

2）GPS测定所在点的经纬度、XY坐标及高程，与交汇法定点对照。

3）用罗盘测量三叠系刘家沟组（T_2er）浅紫红色粉砂岩岩层产状（走向、倾向、倾角），观察岩体剪节理的发育，测量节理的产状（走向、倾角），分析节理形成原因。

（2）教学点2：登高望远观察。

教学内容如下。

1）结合地形图了解实习区河流水系及实习路线（榆林沟、寺沟、陈台沟、王文沟、大水沟、小水沟、西冶川河）。

2）观察区域地形地貌。

3）观察各区域岩层上部植被发育情况。

3.4.2 路线二 榆林沟 $Arj - O_2s$ 地层观察路线

1. 教学路线

实习基地—榆林村—太古界（Arj）地层出露处— 返回观察 Z_1h 至 O_2s—原路返回。

2. 教学任务

（1）野外观察认识 $Arj - O_2s$ 地层，分析地层的岩石岩性。

（2）测量地层的产状，分析其与下伏地层的关系。

（3）观察奥陶系地层的岩溶发育情况，分析岩溶发育条件。

（4）观察榆林沟人工采石场边坡的稳定性及其危害性。

3. 教学点

（1）教学点 1：太古界界河口群（Arj）区域变质岩系。

教学内容如下。

1）变质岩类型：黑云母斜长片麻岩、混合花岗片麻岩、柘榴石长英变粒岩、黑云片岩、角闪岩、大理岩等及伟晶岩、长英岩、辉绿岩等脉岩。

2）变质程度：深变质，普遍遭受混合岩化作用。

3）变质岩构造：复杂，常见各种小型的肠状褶皱。

4）矿产：石英岩可作为工业原料。

5）变质岩形成年代：同位素年龄 21.23 亿年。

6）绘区域变质岩系素描图。

（2）教学点 2：元古界震旦系霍山组（Z_1h）。

教学内容如下。

1）与下状变质岩系的接触关系：角度不整合，上下地层产状不一致，测量上下地层产状。

2）岩石类型：粉红色石英岩状砂岩。

3）岩石变质现象：轻微变质，具重结晶现象及石英颗粒周边的次生加大现象。

4）原生层理及层面构造：交错层理、波痕发育。

5）岩石构造：块状层。

6）地层厚度：约 30m。

7）绘本组地层素描图。

（3）教学点 3：下古生界寒武系徐庄组（$\in_2 x$）和张夏组（$\in_2 z$）。

教学内容如下。

1）与下伏霍山组（Z_1h）的接触关系：平行不整合，缺失寒武系下统（$\in_1$），测量上下地层产状，观察接触面特征。

2）徐庄组（$\in_2 x$）岩性特征及层序组合（组厚约 45m）。上部：薄层灰岩。中部：灰白色厚层状含白云质泥质灰岩夹泥质条带灰岩；下部：紫红色页岩、砂质页岩及细砂岩互层，夹黄绿色页岩。

3）徐庄组含化石情况：含原附柿虫、河南盾壳虫、神父贝、小东北虫、李三虫、沟颊虫、似井上虫、宽井上虫、小无肩虫等三叶虫化石和腕足类化石。

4）张夏组（$\in_2 z$）岩性特征及层序组合（组厚约 60m）。上部：厚层鲕状灰岩夹薄层灰岩；下部：钙质页岩与薄层含白云质灰岩互层。

5）张夏组含化石情况：含帕式蝴蝶虫、穆式德氏虫、青地虫、园劳伦斯等三叶虫化石。

6）沉积岩相分析：滨海—浅海相海进序列。

7）绘徐庄组及张夏组的信手剖面图。

（4）教学点 4：寒武系崮山组（$\in_3 g$）、长山组（$\in_3 c$）和凤山组（$\in_3 f$）。

教学内容如下。

1) 与下伏张夏组（$\in_2 z$）的接触关系：整合接触。

2) 崮山组岩性特征及层序组合（组厚25m）。中上部为深灰色薄层含白云质灰岩，夹4～5层竹叶状灰岩；下部为钙质页岩和薄层含白云质灰岩互层。

3) 崮山组含化石情况：含帕氏蝴蝶虫及腕虫类化石。

4) 长山组岩性特征及层序组合（组厚约7m）。中上部为竹叶状灰岩、夹薄层灰质泥质白云岩；底部为薄层白云岩。

5) 竹叶状灰岩成因分析：海滨动荡环境产物。

6) 凤山组岩性特征及层序组合（组厚约40m）。中上部为灰白色巨厚层中粒结晶白云岩；下部为灰白色薄层细粒砂糖状白云岩。

7) 沉积岩粒相分析：滨海－浅海海进序列。

8) 绘崮山组、长山组及凤山组的信手剖面图。

（5）教学点5：下古生界奥陶系下统（O_1）。

教学内容如下。

1) 与下伏地层寒武系呈整合接触，测量上下地层产状。

2) 奥陶系下统的岩性特征及层序组合（组厚约60m）。上部为灰色巨厚层状细。

3) 粒砂糖状白云岩夹深色硅质条带和结核。下部为薄层白云岩类假竹叶状白云岩及白云质页岩互层。

4) 含有大量笔石及三叶虫。

5) 沉积岩相分析：总体呈前进序列。

6) 绘制该组信手剖面图。

（6）教学点6：奥陶系中统下马家沟组（$O_2 x$）。

教学内容如下。

1) 与下伏地层呈整合接触，测量上下地层产状。

2) 下马家沟组的岩性特征及层序组合（组厚约120m，分为3段）。

a. 下段：白云质页岩互层及角砾状白云岩，底部为致密含白云质灰岩（本段厚64m）。

b. 中段：白云岩和灰岩，向上部白云质减少，泥质增多，下部为薄层白云岩与薄层灰岩互层（本段厚26m）。

c. 上段：下部为白云质灰岩和白云岩互层，中上部为厚层致密灰岩，向上部白云质减少，泥质增多；顶部为薄层灰岩，具蠕虫状构造（本段厚29m）。

3) 角砾状白云岩成因分析：滨海动荡环境产物。

4) 根据本组岩性分析，3段代表了3个沉积旋回。

5) 绘制本组三段的信手剖面图。

（7）教学点7：奥陶系中统上马家沟组（$O_2 s$）。

教学内容如下。

1) 与下伏地层下马家沟组呈整合接触关系，测量上下地层产状。

2) 上马家沟组的岩性特征及层序组合（组厚约220m）。

a. 下段：灰白色角砾状白云岩（组厚约47m）。

b. 中段：灰色豹皮灰岩，夹厚层和薄层灰岩（本段厚100m）。

c. 上段：灰白色薄层角砾状白云岩与灰色中、薄层灰岩互层（74m）。

3）豹皮灰岩的成因分析。

4）绘制该组信手剖面图。

3.4.3 路线三 寺沟 O_2f—T_2er 地层观察

1. 教学路线

实习基地—煤矿—奥陶系峰峰组地层出露处返回观察—中石炭至下二叠—原路返回。

2. 实习内容

（1）中奥陶峰峰组地层岩性、岩溶发育特征。

（2）石炭系、二叠系、三叠系地层岩性、沉积构造特征。

（3）野外识别滑坡。

（4）野外识别断层。

（5）各组地层的水文地质意义。

3. 教学点

（1）教学点 1：中奥陶峰峰组（O_2f）。

教学内容如下。

1）中奥陶峰峰组地层岩性特征，测产状。

2）岩溶发育特征与发育规律。

3）物理风化中的根劈作用及其水文地质意义。

4）岩溶发育与大气降水入渗和地下水运动规律的关系。

5）灰岩地区岩溶分布规律及垂向裂隙与边坡稳定性关系。

（2）教学点 2：石炭系中统本溪组（C_2b）。

教学内容如下。

1）本溪组地层与下伏奥陶系底层的接触关系，本组分两段，总厚度 15m。

2）山西"鸡窝式"铁矿分布及铁质泥岩岩性特征。

3）本溪组地层岩性特征及其水文地质意义。

（3）教学点 3：石炭系上统太原组晋祠段（C_3t^1）。

教学内容如下。

1）太原组晋祠段地层与下伏 C_2b 地层的接触关系（与 C_2b 整合接触）。

2）晋祠段底部晋祠砂岩的岩性特征。

3）吴家峪灰岩。

4）灰黑色泥质粉砂岩。

（4）教学点 4：石炭系上统太原组毛儿沟段（C_3t^2）。

教学内容如下。

1）岩性特征：毛儿沟段底部为灰色中——细粒长石石英砂岩（西铭砂岩）；向上为粉砂质泥岩、夹页岩、菱铁矿结核和砂岩透镜体、黑色泥岩、含菱铁矿结核，富含植物化石；毛儿沟灰岩、煤线；斜道灰岩，向上为海相泥岩，含动物化石，7 号煤。

2）断层及其拖曳现象。

（5）教学点 5：石炭系上统太原组东大窑段（C_3t^3）。

教学内容如下。

1）下部为七里沟砂岩，向上为灰黑色泥质粉砂岩及 6 号煤。

2）顶部为东大窑灰岩。

（6）教学点 6：二叠系下统山西组（P_1s）。

教学内容如下。

1）本组地层厚度约 60m，观察与下伏 C_3^3t 地层的接触关系（为整合接触）。

2）岩性特征：下部以黑色、黑灰色的泥岩为主，夹薄层状中厚层状砂岩，并夹 1～3 号煤层；中上部以砂岩为主，夹泥岩、砂质泥岩和 2～3 层煤线。

（7）教学点 7：二叠系下统下石盒子组（P_1x）。

教学内容如下。

1）本组地层厚度约 60m，观察与下伏 P_1s 地层的接触关系（为整合接触）。

2）岩性特征：底部为灰黄色中粒长石石英砂岩（骆驼脖子砂岩）；下部为砂岩和深灰色、黑灰色泥岩及页岩互层，夹有 10 余层煤线；上部为巨厚层状黄色长石石英砂岩，夹少量薄层状泥岩、页岩，页岩中含大量的植物叶、种子等化石。

3）滑坡的识别及滑坡的临空面、后缘形状、裂隙、滑床等要素观察。

4）西孟断层观察与性质判断。

（8）教学点 8：二叠系上统上石盒子组下段（P_2s^1）。

教学内容如下。

1）观察与下伏 P_1x 地层的接触关系（为整合接触）。

2）岩性特征：底部为巨厚层状紫斑泥岩（桃花泥岩，由于构造原因未见底）。夹 1～2 层锰铁矿层；向上为紫色，灰绿色、蓝灰色泥岩、砂质泥岩夹砂岩，顶部为灰黑色砂岩及杂色砂质泥岩互层。本段地层厚度约 121m。

（9）教学点 9：二叠系上统上石盒子组中段（P_2s^2）。

教学内容如下。

1）底部为巨厚层状灰白色含砾粗砂岩（狮脑峰砂岩）。

2）向上为杂色砂质泥岩与砂岩互层。本段地层厚度约 47m。

（10）教学点 10：二叠系上统上石盒子组上段（P_2s^3）。

教学内容如下：

1）底部为巨厚层状灰白色含砾粗砂岩，向上为紫色砂质泥岩。

2）中部为砂岩、杂色泥岩互层。

3）上部为砂岩、杂色泥岩互层。本段地层厚度约 105m。

（11）教学点 11：二叠系上统石千峰组（P_2sh）。

教学内容如下。

1）本组地层总厚度约 110m，观察与下伏地层的接触关系（为整合接触）。

2）岩性特征：灰红色巨厚层状长石石英杂砂岩与深紫色砂质泥岩互层，下部夹 1～2 层紫红色含砾硅质胶结砂岩（观察不到）；上部至顶部的砂质泥岩中钙质结核呈透镜状、似层状分布，是本组与上覆地层区别的标志。

3）观察层理构造、边坡稳定性。

（12）教学点 12：三叠系下统刘家沟组（T_1l）。

教学内容如下。

1）本组地层总厚度约 450m，观察与下伏 P_2sh 地层的接触关系（为整合接触）。

2）岩性特征：本组地层下部为巨厚层状粉红色长石砂岩、夹薄层状紫红色泥、页岩，中部为巨厚—厚层状粉红色长石石英砂岩夹中到薄层状泥岩、页岩，上部为厚层状砂岩夹中厚层状泥岩、页岩；顶部含"同生砾岩"——"砂球"。

3）沉积岩构造观察：大型板状交错层理、单向斜层理、变形层理、平行层理。

4）层面构造发育，如大型泥裂、波痕。

（13）教学点 12：三叠系下统和尚沟组（T_1h）。

教学内容如下。

1）本组地层总厚度约 112m，与下伏 T_1l 地层的接触关系（整合接触）。

2）岩性特征：本组地层以紫红色泥岩为主，下部以一层含泥砾、砂球的紫红色细砂岩与下伏地层分界（不明显）。砂岩的层数和厚度自下而上变少、变薄，泥岩的层厚与数量自下而上由少变多，含孢粉化石。

（14）教学点 13：三叠系中统二马营组（T_2er）。

教学内容如下。

1）岩性观察：下部以灰绿色长石杂砂岩为主，夹有紫红、黄绿、灰紫色泥岩和砂质泥岩；向上泥岩成分增多。

2）从地层产状变化，分析向斜核部。

3）了解实习区向斜空间分布特征。

（15）教学点 14：第四系松散沉积物（Q）。

教学内容如下。

1）阶地形态与特征。

2）洪积物沉积特征。

3）黄土垂向节理及其水文地质意义。

3.4.4 路线四：陈台沟山前大断裂及向斜转折端观察

1. 教学路线

实习基地—西治村—陈台村—山前大断裂（返回观察）—向斜转折端—原路返回。

2. 教学任务

（1）识别山前大断裂及其派生构造。

（2）分析构造形成原因。

（3）观察陈台-水峪贯向斜，分析其成因。

3. 教学点

（1）教学点 1：山前大断裂及其派生构造。

教学内容如下。

1）山西组地层由正常、直立至倒转的现象及其形成原因。

2）太原组三层标志层灰岩的重复出露、相对位置及其成因。

3）两条小型逆掩断层产状、断距、逆冲方向以及它们与灰岩标志层重复位置、重复次数的关系。

4）由小型逆断层推测山前大断裂的产状、性质、受力状态。

5）小型平铺褶曲（向斜）的核部及两翼地层、枢纽及轴面产状。

6）小型倒转向斜与小型逆断层的几何关系及成因联系。

7）绘制山前大断裂、小型逆断层、小型平卧褶曲及组成地层的素描图。

（2）教学点 2：陈台-水峪贯向斜。

教学内容如下。

1）构成向斜的核部地层（T_1l）及两翼地层（T_1l、P_2sh、P_2s、P_1x、P_1s）。

2）观察转折端形态（标准的圆弧形，对比其他如尖棱状、箱形等）。

3）比较此地枢纽产状的倾伏方向与整个向斜由 N 至 S 地层的由老到新分布所表示的枢纽整体倾伏方向，了解枢纽在剖面上的起伏特征及平面上的"S"状弯曲特征。

4）观察向斜核部层间小褶皱形态特征、岩性特征，推测其形成原因。

5）绘制向斜及层间小褶皱的素描图。

3.4.5 路线五：张嘴沟二长岩体、黑地角岩床、王文向斜仰起端观察

1. 教学路线

实习基地—西冶村—王文村—岩体（返回观察）—岩床—向斜仰起端—原路返回。

2. 教学任务

（1）识别侵入岩体，确定其名称。

（2）分析岩浆入侵作用。

（3）观察王文向斜仰起端特征。

3. 教学点

（1）教学点 1：张嘴沟岩体及其周边构造。

教学内容如下。

1）据岩体形态及大小（小于 $1km^2$），确定岩体的名称、岩株。

2）岩体侵入的地层层位：中奥陶统 O_2。

3）岩体的矿物成分：主要矿物斜长石（40%～50%）、钾钠长石（40%左右）；次要矿物角闪石（5%左右）、普通辉石（3%）、少量石英。副矿物榍石、磁铁矿（小于 1%）。

4）岩石命名为二长岩。

5）岩体的相带：边缘相、过渡相及中心相。

6）岩体的原生破裂构造：层节理、纵节理特征及与次生破裂构造的区别。

7）捕房体的成分、大小，在岩体内的分布特征。

8）岩体与围岩的接触关系：侵入接触及其冷凝边。

9）岩体的周边构造及其烘烤边，围岩的大理岩化现象。

10）岩体的形成时代：根据同位素 K—Ar 法测得绝对年龄为 1.397×10^6 年，根据区域地质发展规律推测为燕山运动的产物。

11）绘制岩体及其周边构造的素描图。

（2）教学点 2：黑地角岩床。

教学内容如下。

1）据岩体与围岩层理的平行关系，定名为岩床。

2）岩体侵入层位（山西组 2~3 号煤的层位）及对煤层的破坏情况。

3）岩床的厚度约 4m。

4）岩床与围岩的关系为侵入接触。

5）岩床的矿物成分：正长石及其颜色特征。

6）岩石命名：正长斑岩，斑晶与基质各占约 50%。

7）岩床内的原生流动构造：由正长石斑晶的优势方位反映出来的流面及其对岩浆流动方位的指示意义。

8）流面的方位测量方法。

9）绘制岩床素描图及流面素描图。

（3）教学点 3：王文向斜仰起端（陈台-水峪贯向斜北部仰起端）。

教学内容如下。

1）核部地层及两翼地层：由下石盒子组（P_1x）地层组成。

2）转折端形态：W 形，表示该向斜仰起时已分为两支。

3）测量两翼岩层产状。

4）确定枢纽及轴面的产状。

5）对照此点的地层时代（P_1x）与陈台向斜转折端的地层时代（T_1l）及水峪贯向斜转折端的地层时代（T_2er）及其相对平面位置，了解向斜枢纽的平面"S"状弯曲特征及向南倾伏的总体特征。

6）绘制向斜仰起端的素描图。

3.4.6 路线六：西家岭滑坡调查

1. 教学路线

实习基地—水峪贯村—西家岭村滑坡—原路返回。

2. 教学任务

（1）观察滑坡要素的基本特征和滑坡体不同位置的裂缝，分析滑坡的形成原因。

（2）了解滑坡的危害和防治措施。

3. 教学内容

（1）调查滑坡所处的地貌部位、变形形态、地面坡度、相对高度、沟谷发育情况、河岸冲刷、堆积物、地表水汇聚情况及植被发育状况，分析地层结构、岩性、断层、地貌、水文地质条件、地震和人为活动对滑坡的影响。

（2）观察滑坡体形态和规模、滑动的方向、边界特征、表部特征、滑面特征、内部特征，分析滑坡的滑动方式和力学机制，确定滑坡类型。

（3）调查地下水情况、泉水出露点、地表水自然排泄沟渠的分布和断面。

（4）了解滑坡历史危害及防治措施和效果。

（5）分析预测该滑坡可能的成灾范围和危害性，提出防治对策建议。

3.4.7 路线七：水峪贯供水水文地质调查

1. 教学路线

实习基地—水峪贯村—西冶川河东岸—水峪贯供水水源井—原路返回。

2. 教学任务

（1）调查供水水源地水文地质条件。

（2）水源井类型、水位、流量等基本要素。

（3）水源地保护区划分及水源保护措施。

（4）分析地下水开采可能出现的环境水文地质问题。

3. 教学内容

（1）收集水井转孔柱状图资料，调查井孔的水井结构、使用年限、水位埋深、井深、出水量、水质、水温及其动态特征；查明水源井的含水层，补给、径流、排泄条件。

（2）观察水源井所处的地形、地貌、地质环境及其附近的污染源风险因子、主要内容污染源、污染特征、污染方式和污染途径。

（3）调查西冶川河地表水的水位、流量及其动态变化特征，分析地表水与地下水的转化关系。

3.4.8 路线八：寺沟 P_2s^1—T_2er 实测地层剖面

1. 教学路线

实习基地—寺沟 P_2s^1 地层出露处—返回实测地层—寺沟 T_2er 地层。

2. 教学任务

（1）根据实测地层剖面理论知识完成寺沟地层剖面的实测工作，并绘制实测地层剖面图。

（2）培养学生的团队合作精神，分工协调，数据记录全面。

3. 教学内容

（1）分小组分段进行地层剖面实测，记录数据填入实测地层剖面记录表（包括导线号、导线斜距、方位角、坡角、地层产状等数据）。

（2）画素描图，拍摄重要地质现象。

（3）采集各地层岩石标本。

（4）室内分析整理实测数据，绘制实测地层剖面图。

3.4.9 路线九：大水沟、小水沟地质填图

1. 教学路线

实习基地—大（小）水沟各地层出露处—实测定点—返回基地。

2. 教学任务

（1）利用地形图分析所在地的地物、地形。

（2）利用交绘法在地形图上定点。

（3）勾绘地质界线。

3. 教学内容

（1）阅读地形图，分析实习区的地物和地形。

（2）使用罗盘在地形图上定点。

（3）根据"V"字形法则勾绘地质界线。

第4章 实习区地质环境条件

4.1 自 然 地 理

4.1.1 地理位置及交通

实习区位于吕梁山中段太原西山煤田的西南部的交城县水峪贯镇，以狐偃山主峰为中心，总面积约 350km²，地处东经 111°52′～112°00′，北纬 37°37′～37°45′。交城县至古交市公路纵贯本区，古交市与太原市有铁路和公路相接。实习区有公共汽车往返太原市，交通十分方便。

4.1.2 地形地貌

本区属吕梁山系，其主峰狐偃山，标高为 2207m，一般高程在 1100～2000m 之间，相对高差 500～900m，属中高山区。区内西北部山高林密，东南部地势略低，实习区卫星影像见图 4.1。

图 4.1 实习区卫星影像图

4.1.3 气象

水峪贯地区属严寒微湿气候区，年均气温3℃左右。1月气温最低，为−20~−15℃；7月气温最高，可达30℃左右。年平均降水量为450mm，雨季多在7—8月，4—8月为无霜期。

海拔2000m以上的山峰区，年降水量700mm以上；海拔1500~2000m的高寒山区，年降水量650mm以上；海拔1400m左右的山区，年降水量500~550mm；海拔900~1200m的山区及边山区，年降水量500~550mm。降水年际变化大，年内季节差异大，强度变化大。年最大降水量827.1mm（1964年），年最小降水量为316.5mm（1965年），年最大降水为年最小降水量的2.5倍，且大多集中在7—9月3个月。最长连续降雨日12d（1966年7月24日—8月4日），总降水量达127.8mm，最大日降水量137.5mm（1981年8月15日），多年平均蒸发量为600~1400mm。

夏季以东南风为主，冬季以西北风为主，年平均风速为1.6m/s，最大风速达20 m/s（1997年2月20日）。

4.1.4 水文

实习区内水系发育，所有的河流均属于黄河水系、汾河流域。按照汾河一级支流划分，实习区内河流为文峪河流域。文峪河流域包括文峪河干流及其支流西冶川河、东西葫芦河等，它们分别发源于交城县西北部关帝山的孝文山、松树岩、后岭底前云山及四十里跑马堰山峰。流域内森林覆盖面积大，植被良好，清水基流长流不息，多年平均流量2.0m³/s。西冶川河是文峪河的一级支流，发源于古交市松树岩南麓老牙沟，河流全长38.2km（其中交城境内河长37km），在交城南恶水地界入交城县境，流经交城县古洞道、水峪贯、东社3个乡镇，于西社村东汇入文峪河干流，流域总面积284.07km²，河道纵坡23‰，糙率0.04左右，河型属羽毛状；河谷川内共有沟涧22条，河槽以砾石、卵石间夹有孤石为主，河床基本稳定。在流域下游曾于1959年修建横山缓洪水库一座，库容1090万m³，现该库已报废。

西冶川河流域属吕梁山背斜东翼，山峰海拔在1700~2200m之间，流域山峰耸立，峰顶深圆缓延，沟谷深切，岩溶发育，泉水曾多次出露。流量仅有0.2m³/s，为当地工农业分用。该河流为季节性河流，流域河谷中段河流冲刷严重，砂砾堆积面宽广，形成300~400m的河床滩地川面，局部地段可见一级阶地。区域内植被较差，森林现存只占总面积的33.7％。流域属温带大陆性气候，光能多，气温低，无霜期短，降水量多年平均为559mm，蒸发量1556.9mm，属湿润地区。多年平均径流量2187.34万m³。10年一遇洪峰流量为191.3m³/s，50年一遇洪峰流量为365.4m³/s，河流结冰时间为11月上旬，融化时间3月上旬，冰期120d，年输沙量为71万t。

西冶川河流域内共有2个乡镇，46个自然村，拥有耕地2.48万亩，以农作物种植为主。区域内冬春季十年九旱，夏秋季洪水灾害频繁。

4.2　区域地质及水文地质条件

4.2.1　区域地质条件

1. 区域地层

实习区位于吕梁山中端太原西山煤田的西南部。西山煤田位于吕梁—太行断块、五台山块隆的古交掀斜地块,地层出露较齐全(表 4.1)。自西向东,由西北向东南地层由老到新依次分布,太古界变质岩分布于西山煤田的西部及西北部;上元古界长城系霍山砂岩不整合覆盖其上;寒武奥陶系碳酸盐岩构成煤田基底;石炭二叠系平行不整合于奥陶系灰岩剥蚀面之上;三叠系分布于煤田的中南部;第三系、第四系多分布于丘陵地区及近代沟谷中。

2. 区域构造

根据断块学说,西山煤田位于我国华北断块吕梁—太行断块、五台山块隆的古交掀斜地块,煤田西部边缘为狐堰山"山"字形褶皱带(图 4.2)。

表 4.1　　　　　　　　　　　区 域 地 层 简 表

界	系	统	组	代号	厚度/m	出露面积/km²
新生界(Kz)	第四系	全新统		Q_4	0～45	51.28
	上第三系	中上更新统	马离组	Q_{2+3}	0～112	276.11
		上新统	保德组	N_2	0～72	25.76
中生界(Mz)	三叠系	中统	二马营组	T_2er	＞325	不详
		下统	和尚沟组	T_1h	120～155	
			刘家沟组	T_1l	432～500	21.78
古生界(Pz)	二叠系	上统	石千峰组	P_2sh	102～165.7	173.65
			上石盒子组	P_2s^2	119～247	
				P_2s^1	105～296	
		下统	下石盒子组	P_1x^2	22～67	
				P_1x^1	22～84	
			山西组	P_1s	20.9～85	
	石炭系	上统	太原组	C_3t	58.26～136	
		中统	本溪组	C_2b	8.5～55	
	奥陶系	中统	峰峰组	O_2f^2	16～70	45.69
				O_2f^1	57～92	
			上马家沟组	O_2s^3	53～85	
				O_2s^2	99～170	
				O_2s^1	47～85	

界	系	统	组	代号	厚度 /m	出露面积 /km²
古生界 (Pz)	奥陶系	中统	下马家沟组	O_2x^3	32～68	45.69
				O_2x^2	36.5～74	
				O_2x^1	53～69	
		下统	亮甲山组	O_1l	27.3～131.68	13.31
			冶里组	O_1y	14.6～102	
	寒武系	上统	凤山组	$\in_3f$	40～60	14.50
			长山组	$\in_3c$	5～10	
			崮山组	$\in_3g$	6～26	
		中统	张夏组	$\in_2z$	56～140	
			徐庄组	$\in_2x$	20～53.5	
上元古界 (Pt)	震旦系	长城系	霍山群	Z_ch	20～40	3.65
					＞384	
太古界（Ar）	吕梁山群			Ar	＞1500	17.05

　　古交掀斜地块以古交为中心，地块内地层展布南新北老，总体上由东、北、西三面向内缓倾斜，向 SSW 倾伏的不对称向斜构造。石千峰一带出露三叠系下统，产状平缓，倾角一般小于 10°；西山中部及清徐、交城北部的地层以石炭二叠系为主，地层产状均较平缓；煤田北部及汾河河谷广泛出露奥陶系、寒武系，地层产状平缓。局部地段显示一些规模不大的断裂及褶皱，构造线方向大多呈 NE 向或 NEE 向（如古交、王封一带），少数呈近东西向或近南北向小型宽缓褶皱。东部受新华夏系控制，西部以经向构造为主。主要褶皱：西部有马兰向斜和东社向斜，中部有石千峰向斜，受 NW 向的土堂断层、西铭断层和 NNE 向的晋祠断层及 NE 向的清交大断裂控制，煤田内部以 NE 或 NEE 向地层为主，且多呈地垒形式出现。

　　狐堰山山字形褶皱带位于五台山块隆西南缘，其西侧以白家滩断裂与吕梁山块隆相邻。向西凸出的前弧与其两侧向东凸出的反射弧呈南北向展布，延长约 60km，脊柱在狐堰山主峰—睦联坡之间，前弧由一系列弧形褶皱和逆冲断层所构成，卷入的地层有寒武系、奥陶系、石炭系、二叠系。北侧反射弧主要由白家滩逆断层和两侧的向斜以及营立西褶皱群、营立断层组成，白家滩逆断层为向东凸出的弧形断层；南侧反射弧主要由西社断裂和价家山向斜构成，二者均呈向东凸出的弧形，向斜的西翼陡、东翼缓，断裂西盘向东逆冲。山字形脊柱部分由一系列东西向短轴褶皱组成。这些褶皱中的背斜多被偏碱性二长岩所占据。前弧顶部的背斜也控制了一些二长岩体的分布。该山字形褶皱是由南北向构造带在不均衡的东西向挤压作用下形成的。

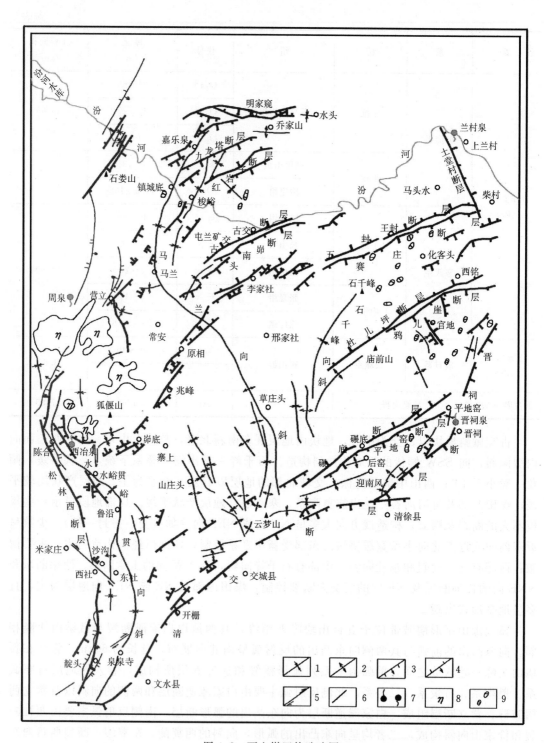

图 4.2　西山煤田构造略图

1—向斜；2—背斜；3—正断层；4—逆断层；5—平移断层；6—推断断层；

7—上升泉、下降泉；8—火成岩；9—地面塌陷点

4.2.2 水文地质条件
4.2.2.1 岩溶水

1. 地下水的边界条件

太原西山岩溶地下水的边界是西北部以静乐东碾河两岸的花岗岩体为隔水边界；北部和西部的边界分别为云中山和吕梁山太古代变质岩。棋子山的东部为大盂和阳曲山间断陷小盆地，沉积有新生代松散层、煤系地层和峰峰组或上马家沟组开始的岩溶地层；棋子山的西部，岩层抬升剥蚀，出露有下马家沟组和下奥陶统较弱岩溶地层。大盂盆地的 J23 号孔，奥灰含水层水压标高为 823.57m，而棋子山西侧泥屯河的 J37 钻孔奥灰层水压标高为 869.44m，表明棋子山东西两侧不是一个岩溶地下水径流区域，是兰村泉域与东山岩溶水系统的分水岭。这两个不同区域的岩溶地下水，在棋子山南部的三给地垒发生水力联系；柴村、佛塔山至康家会一线为晋祠泉域与兰村泉域可移动的岩溶地下水分水岭；西山东及东南部的边山断裂带及其上盘地带，是西山岩溶地下水向太原盆地与晋中盆地的泄水边界；西山西南部狐堰山火成岩侵入体，是西山岩溶地下水与狐堰山西南部吕梁山边岩溶地下水的分水边界，后者有百余平方公里的碳酸盐岩出露面积，形成一个独立的岩溶水系统——西冶泉域，其岩溶地下水沿吕梁山由北向南泄流于晋中盆地的文水一带（图 4.3）。

2. 地下水赋存条件及分布规律

西山寒武奥陶系地层岩溶发育情况，从分布和发育过程上都受到地层岩性、构造、水动力和水化学条件的综合控制。

（1）西山强岩溶层多发育在中奥陶统石灰岩、泥灰岩和白云质石灰岩中，而弱岩溶层多发育在下奥陶统的白云岩和上寒武统的条带状灰岩、竹叶状灰岩及白云质灰岩中，这是其岩性、结构对溶蚀条件影响的结果（图 4.4）。据有关资料，O_1 及 $\in_3$ 地层，CaO 含量 25%～30%，MgO 含量 15%～20%，CaO 与 MgO 的比值为 1:2～1:5，相对溶解度 0.45～0.50；O_2x 地层的上中段相对溶解度 1.04～1.17。据白家庄矿主 2 号孔资料，O_2f 和 O_2s 地层的 CaO 含量：灰岩及白云质灰岩为 38.84%～54.73%；泥灰岩为 30.39%～52.19%；石膏层及膏化泥岩为 28.23%～35.10%。O_2 地层 CaO 含量多在 40%～50%，相对溶解度为 1 左右。同时，中奥陶统强岩溶层段多数为泥—细晶结构，有的含白云质斑块状灰岩，有的为花岗变晶结构。西山地区的碳酸盐岩层的组合中，强岩溶层位都靠近岩层溶蚀能力差异性较大的溶蚀面。

（2）西山地质构造和水动力条件的地质历史演变，决定了岩溶发育的现状。西山煤田是由西、北、东三面向内倾斜，总的趋势为 SSW 向倾伏的不对称向斜构造，从而构成了西山寒武、奥陶系碳酸盐岩的埋藏条件。西山向斜的西、北和东北部，为碳酸盐岩裸露和半裸露区，向内侧为由北而南依次分布的浅埋藏区和深埋藏区。而在西山煤田的东部和东南部边山断裂带两侧，由于受山区和盆地升降差异的新构造运动影响，造成区域侵蚀基准面自西北向东南、由北向南不断深切，构成了西山岩溶地下水运动的主要水动力条件。

（3）西山岩溶的发育，是其长期历史演变过程的结果。古生代的加里东运动，造成沉积间断，但古地形还比较平坦，岩溶发育程度较弱，发育深度较浅；中石炭世三叠纪时期，广泛沉积了以砂、页岩层为主的非可溶性岩层，沉积厚度达 1000m 以上。在这一阶段，碳酸盐岩地层逐渐深埋于非可溶性岩层之下，上覆岩层逐渐封闭了水和空气中二氧化

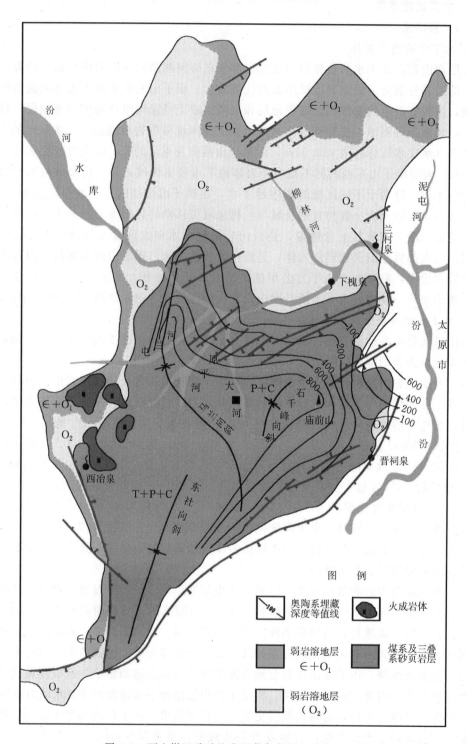

图 4.3　西山煤田碳酸盐岩埋藏条件图（单位：m）

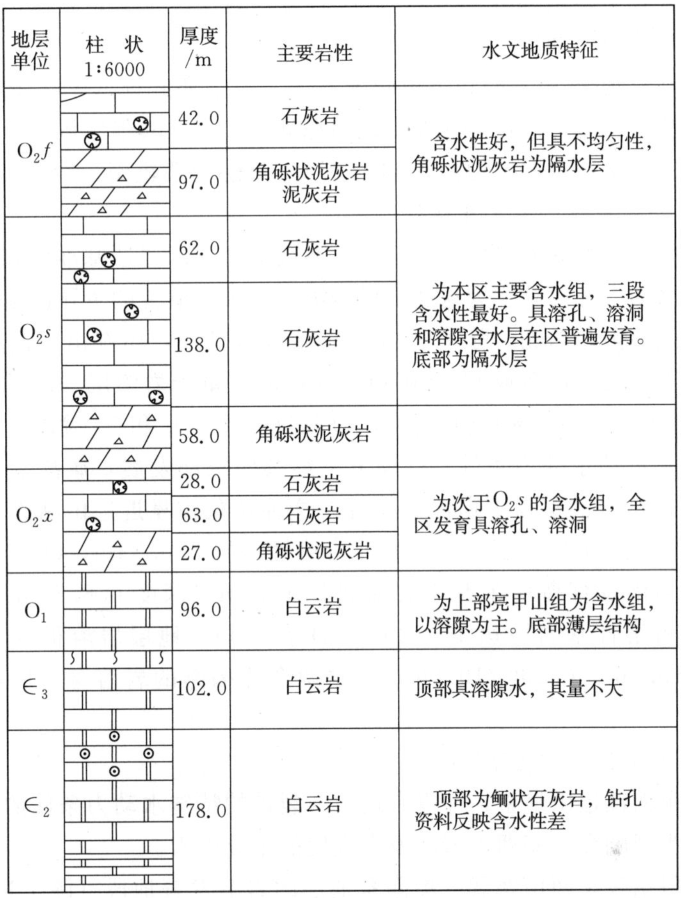

地层单位	柱状 1:6000	厚度 /m	主要岩性	水文地质特征
O₂f		42.0	石灰岩	含水性好，但具不均匀性，角砾状泥灰岩为隔水层
		97.0	角砾状泥灰岩泥灰岩	
O₂s		62.0	石灰岩	为本区主要含水组，三段含水性最好。具溶孔、溶洞和溶隙含水层在区普遍发育。底部为隔水层
		138.0	石灰岩	
		58.0	角砾状泥灰岩	
O₂x		28.0	石灰岩	为次于O₂s的含水组，全区发育具溶孔、溶洞
		63.0	石灰岩	
		27.0	角砾状泥灰岩	
O₁		96.0	白云岩	为上部亮甲山组为含水组，以溶隙为主。底部薄层结构
∈₃		102.0	白云岩	顶部具溶隙水，其量不大
∈₂		178.0	白云岩	顶部为鲕状石灰岩，钻孔资料反映含水性差

图 4.4　西山寒武奥陶系含水层结构图

碳的渗入途径，造成岩溶发育减弱和逐渐消亡；中生代末的燕山运动，形成本区的褶曲和断裂构造，而在煤田边缘，地层又隆起剥蚀，使得碳酸盐岩层部分裸露和埋藏变浅，从而在这些地段岩溶又开始发育；第三纪以后的喜马拉雅运动期，地壳振荡式的上升运动突出，造成东部断陷，形成太原盆地，河流在山区间断式下切，开始形成边山地带的岩溶泉，本区的岩溶景观基本形成。以后的地质历史时期，对本区岩溶发育有突出影响的因素主要来自边山断裂带的新构造运动。

（4）受地层岩性、地质构造和水动力条件综合因素的控制，碳酸盐岩主要水文地质特征如下。

中奥陶统峰峰组（O₂f）岩溶含水层：在补给和径流区多呈零星散块段分布，是局部的、次要的含水层，而在边山断裂的深循环缓流区，则成为主要含水层。垂直渗流带多以溶隙为主，水平径流带多以溶洞为主，其水压标高，在补给和径流区，一般都高于上马家沟组（O₂s）含水层（在古交高出 50m 左右）；而在靠近排泄区，则略低于上马家沟组含水层。

中奥陶统上马家沟组（O₂s）岩溶含水层：除了西山煤田东北部地层抬升剥蚀区及煤

67

田深部埋藏区以外，上马家沟组（O_2s）地层岩溶普遍比较发育，是西山的主要岩溶发育和含水层段，屯兰井田内的钻孔也证明了这一点。

中奥陶统下马家沟组（O_2x）、下奥陶统（O_1）及上寒武统（$\in_3$）岩溶含水层：主要发育在西山碳酸盐岩出露区的西、北及东北边缘地带。而在其他区域，尽管上覆 O_2s 地层岩溶相当发育，径流条件也好，但由于 O_2x 和 O_1 地层埋藏较深，岩溶变弱，径流变差。

3. 水动力条件主导的岩溶发育特征

太原边山断裂带两侧的差异性升降运动，造成了地下水侵蚀基准面和水动力条件的趋势性变化。因此水动力条件就成为这些地段岩溶发育及其演变的主导控制因素。

王封地垒东段的南北两侧，除了边山的升降运动以外，还有由北向南的掀斜抬升运动，水动力条件不断改变，造成 O_2f 和 O_2s 地层的大量干岩溶层（地下水位下降，岩溶层无水），现代岩溶继续向深部较弱的 O_2x、弱岩溶地层 O_1 和 $\in_3$ 发展。

边山断裂带附近的水动力条件，促使岩溶继续向深部发展，碳酸盐岩的岩溶可以在比较厚的非可溶性基岩的覆盖下向深部发育，这种现象在靠近边山断裂带的上盘地段尤为突出。据白家庄主－1 号孔资料，上覆非可溶性基岩 300.33m，O_2f 和 O_2s 地层岩溶都很发育，现代岩溶发育高程在本孔发现到 296.13m（深度 666.53m）；桃杏 D－5 号孔资料，上覆非可溶性基岩厚达 485.30m，O_2f 和 O_2s 地层岩溶很发育，本孔发现现代岩溶高程达 213.76m（深度 710.06m）。这两个孔揭露的岩溶含水层，发现径流条件好，富水性强。

4. 埋藏条件主导的岩溶发育特征

除了东部及东南部边山地带，即没有边山断裂带的特殊水动力条件的地区，碳酸盐岩的埋藏条件就成为影响和控制西山岩溶发育程度的主导因素。

分析现有资料结果，西山寒武—奥陶系地层的岩溶发育地段（除了边山地带），都处于它们埋藏的浅部，其上覆非可溶性基岩厚度为 200~300m。勘探和生产矿井所发现的柱状陷落的岩溶现象，也大致以碳酸盐岩溶顶面的这个埋藏深度为界。同时，这种埋藏条件对岩溶发育的控制作用不只限于西山，山西省其他地区同样有此规律。在有新构造运动影响的特殊水动力条件时，岩溶已发育在上覆非可溶性基岩厚达 400~500m 的地段。而在没有这种水动力条件的地区，随着碳酸盐层顶面埋藏深度的增加，岩溶就逐渐减弱、不发育和消亡。这是因为在非可溶性基岩长期地质历史覆盖的条件下，随着碳酸盐岩层顶面埋藏深度的增加，可溶岩层接触空气中二氧化碳和地下水渗流的条件逐渐变差，也就逐渐失去岩溶发育的水化学和水动力条件，已有发育较弱的古岩溶也逐渐充填消亡。

5. 地下水的补径排条件

（1）岩溶水的补给。西山岩溶地下水有两种补给来源，主要是大气降水的渗入；其次是河川径流的漏失。云中山以南、吕梁山以东、汾河以北及东部边山带裸露和半裸露的（有黄土覆盖）寒武—奥陶系碳酸盐岩层，是西山岩溶水的主要降水渗入补给区，其面积约 1550km² （不包括狐堰山以南沿吕梁山边山出露的百余平方千米）。估算降水补给量取以下参数：补给面积 1550km²，比拟邻区娘子关泉域降水入渗系数 0.30，取山区的古交气象站 27 年平均降水量 452.89mm，则西山地区降水补给岩溶地下水的 27 年平均补给量为 6.677m³/s。西山岩溶地下水的主要河川径流补给区段，一是汾河的罗家曲至雁门的 13km 河段；二是汾河的河口镇至下槐泉的 22km 河段。这两段的汾河河谷冲积层与奥灰岩溶地层接触。上源汾河水库已控制径流，水库放水期对岩溶地下水的补给迅速而明显。古交至寨上间地下水动态观测资料表明，与地表径流有水力联系的岩溶含水层的水位，在汾河水库放水以后的 5～23d 以后都明显抬升。据省水文一队资料，利用兰村和寨上两个水文站 1954—1972 年枯水期资料相关计算，下槐泉至兰村泉间的汾河段地下岩溶水泄出补给河流水，下槐泉至河口的 22km 河道河水漏失量为 2.88m³/s，计算结果，除了地下水的排泄量以外，河水漏失系数 0.055。按 1961—1980 年寨上站平均流量 14.05m³/s 估算，多年枯水季节河口至兰村间河水漏失补给地下水有效量为 0.772m³/s。比拟河口至下槐间每公里河道的河水漏失量 0.13m³/s，则得罗家曲至雁门间的河漏失量为 1.69m³/s。扣除下槐至兰村间地下水的泄出量，估算汾河在西山段对岩溶地下水的补给量为 2.462m³/s。这样就估算出大气降水和汾河径流对西山岩溶地下水的多年平均补给量为 9.139m³/s。

20 世纪 70 年代以来，尤其是 1978 年以后，西山岩溶地下水从泉流和开采方面都发现有减少的趋势。其原因主要是降水减少的缘故。据古交气象站资料，60 年代平均降水量为 475.34mm，1970—1981 年平均降水量 404.92mm。而 1978—1981 年的平均降水量 387.10mm，比多年平均量减少 14.53%。按这个比例，1978—1981 年间大气降水对西山岩溶地下水的补给量比多年平均减少 0.97m³/s，即其补给量降为 5.707m³/s。据寨上水文站资料，汾河水库建库前的 7 年平均流量为 18.41m³/s；60 年代的平均流量为 16.98m³/s；70 年代的平均流量为 11.485m³/s。70 年代比多年平均量减少 18.25%，则相应对岩溶地下水减少补给量 0.449m³/s。1978—1980 年间，汾河水库加大放水量，寨上站平均为 14.23m³/s，比多年寨上站平均量增加 1.28%，估算这期间汾河径流对岩溶水的补给量平均为 2.49m³/s。则 1978～1981 年间，西山岩溶地下水的总补给量比多年平均值少 0.94m³/s（8.11 万 m³/d），其补给总量降为 8.2m³/s。

（2）岩溶水的径流。古交地处补给—径流区。西山岩溶地下水是以大气降水补给为主的气象型地下水，地下水位年均变幅为 3.1m，最大 3.7m；以河川径流补给为主的水文型地下水位年均变幅为 8.6（西部地垒区）～13.8m（东部裸露区），最大为 10.6（西部）～14.3m（东部）。在径流—排泄区的西山白家庄矿白 2—1 号孔中奥陶含水层组混合的 3 年观测资料，年变幅为 0.9m，属气象型动态，每年水位有两个峰值（11 月至次年 3 月，8—9 月），低水位期为 6—7 月。

西山岩溶地下水的径流模式和主径流方向愈靠近东部边山地区，水力坡度就愈平缓，地下径流条件也就愈好（表 4.2）。

表 4.2　　　　　　　　　　　　　岩溶地下水主径流情况表

区　段	区段直线距离/km	平均水力坡度/‰
河口（古交东）—下槐泉	13.5	0.8
下槐泉—兰村泉	10	5.0～5.7（降落漏斗）
河口—桃杏（白家庄矿东）	22	3.1
小卧龙（王封地垒南侧）—晋祠泉	21	3.0

续表

区　段	区段直线距离/km	平均水力坡度/‰
杨家村（王封地垒东端）—晋祠泉	28	0.5
晋祠泉—平泉（清徐）	12	0.4
南高庄（大盂盆地东北）—兰村泉	34.5	0.26～0.46

（3）岩溶水的排泄。西山岩溶地下水的排泄有 3 种方式：一是沿汾河河谷排泄的侵蚀下降群泉，属于此类的有下槐群泉和下槐—兰村间的散泉（五梯等地）；二是边山断裂带的构造上升群泉（兰村泉、晋祠泉）；三是沿边山断裂带侧向或越流排向盆地的冲洪积层，泉群主要水文地质特征见表 4.3。

表 4.3　　　　　　　　　　　岩溶大泉主要水文地质特征

泉名	泉水类型	含水层时代	出露高程/m	流量/(m³/s)	水质指标		
					水温/℃	矿化度/(g/L)	总硬度/mg/L(CaCO₃ 记)
下槐	侵蚀下降群泉	O_2x	866.66	0.02	12～14.5	0.039	230.27
兰村	构造上升群泉	O_2s+x	809.91	0.30	14.5	0.35～0.46	205.23～275.25
晋祠	构造上升群泉	O_2s	806.53	—	17.5	0.57～0.74	380.38～468.03

6. 岩溶水文地质分区

太原西山是由多种补给和排泄方式及多泉点排泄的岩溶水文地质单元，同时又和邻区的东山及系舟山南段有局部水力联系，岩溶水的径流条件比较复杂。岩溶水文地质分区的原则主要是根据岩溶水的补给、径流和排泄条件，同时结合地质构造、水动力和岩性因素。其中大区分区主要是按碳酸盐岩的埋藏条件和水动力条件的不同进行划分，亚区按补给和径流以及构造和岩性条件的不同再进行划分。太原西山岩溶水文地质分区见图 4.5 和图 4.6。

（1）补给—径流区（Ⅰ区，裸露区及煤田浅部）。

本区主要受地质构造及碳酸盐岩的埋藏条件的主导控制。属于本区的碳酸盐岩层顶面埋深为 200～300m，岩溶地下水有垂直渗流和水平径流两种方式，径流条件较好。主要岩溶发育的高程随着径流过程由高变低，但变化范围较大，一般在 600～900m。低于 500m 高程时，岩溶发育逐渐微弱，径流缓慢。

按断裂构造和补给条件的差异，可划分两个亚区。

1）Ⅰ₁亚区：补给条件好、断裂发育的亚区。本亚区岩溶发育强烈，补给和径流条件好。

2）Ⅰ₂亚区：补给条件较差、断裂不发育的亚区。本亚区岩溶发育程度较弱，补给和径流条件明显变差，是煤田浅部向深部的过渡地带及断裂不发育的地段。

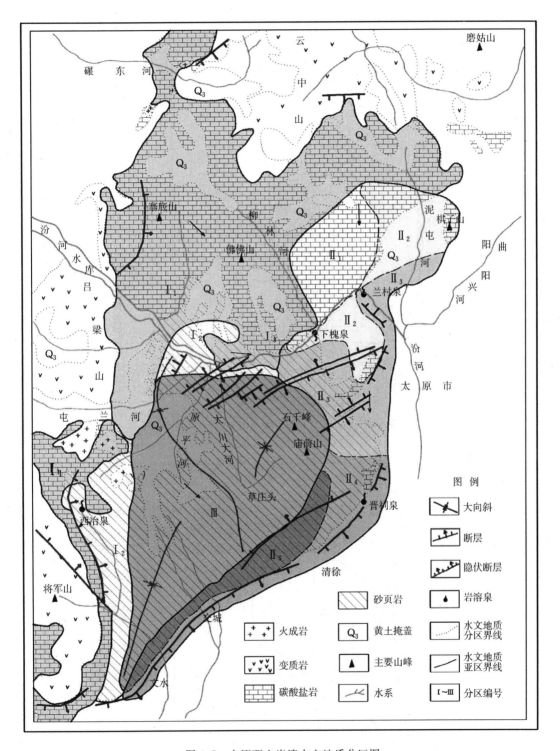

图 4.5 太原西山岩溶水文地质分区图

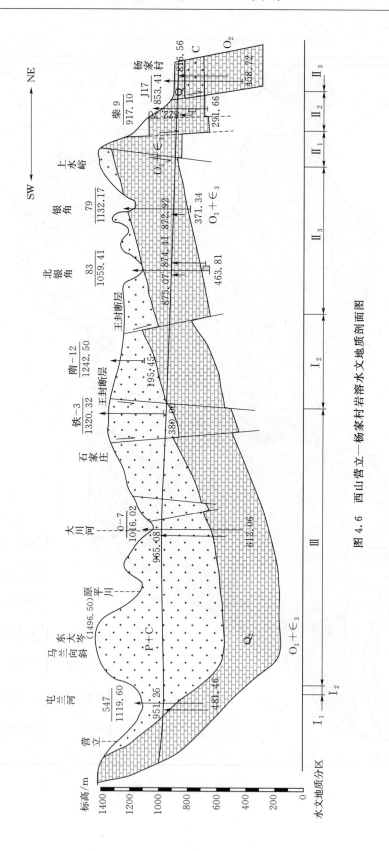

图 4.6　西山营立—杨家村岩溶水文地质剖面图

(2) 径流—排泄区（Ⅱ区，东部边山断裂带）。

本区的岩溶发育程度和径流情况主要受边山断裂带的水动力条件控制，而碳酸盐岩埋藏条件属于次要地位。本区径流条件好，地下水的循环深度大，岩溶发育标高低，水力坡度都很平缓。按补给、径流和岩性条件的不同，可划分5个亚区。

1) Ⅱ$_1$亚区：补给条件好的弱岩溶层亚区。受地层掀斜抬升影响，下奥陶统及寒武系地层成为主要岩溶发育层位，但它们发育程度一般较弱，发育极不均匀。

2) Ⅱ$_2$亚区：补给条件好的较强和弱岩溶层亚区。受掀斜抬升影响，地下水向侵蚀基准面下继续下切向较强岩溶的下马家沟组（O_2x）及弱岩溶层的下奥陶统（O_1）及上寒武统（$\in_3$）地层发展，而中奥陶统地层（O_2f 及 O_2s）多成为没有地下径流的残留干岩溶层。本区汾河谷地有侵蚀下降群泉出露。

3) Ⅱ$_3$亚区：强径流的亚区。本亚区径流条件好，岩溶强烈发育，同时接受了太原西山和系舟山南段两股岩溶地下水的补给，也是晋祠泉和兰村泉发生水力联系的地段。区内柱状陷落的岩溶现象十分发育。本亚区是西山岩溶地下水径流的枢纽部位，也是研究西山岩溶水径流和排泄的关键部位。

4) Ⅱ$_4$亚区：补给源远、径流条件复杂的亚区。本亚区断裂交错发育，峰峰组地层（O_2f）成为主要含水层，径流缓慢，途径复杂，水温增高，水质变差。

5) Ⅱ$_5$亚区：补给和径流都较差的亚区。由于边山的差异性升降运动，本亚区逐渐失去来自东北方向的地下径流补给，岩溶发育十分微弱，由北向南西方向逐渐失去岩溶发育条件。

(3) 径流封闭区（Ⅲ区，煤田深部）。

本区碳酸盐岩层的埋藏深度（上覆非可溶性基岩厚度）为300～1000m。随着埋藏深度的增加，也就逐渐失去了岩溶发育的条件，因此成为岩溶地下水径流的封闭区，即径流都绕本区的外围运动。这种情况已得到马兰向斜北段和马兰向斜与石千峰向斜间沿大川河谷的水文地质深钻孔的证实。庙前山上的官地扩区1号孔，表明奥灰顶面埋深达900m左右，条件与草庄头J9号孔相似。再向西南部发展，碳酸盐岩层的埋藏深度还逐渐加大，径流条件就更为不利。

4.2.2.2 二叠系裂隙潜水

西山基岩风化壳含水层的厚度主要受地形、岩性及盖层厚度控制。谷底厚度一般为10～20m，山顶厚30～50m。根据煤田孔抽水资料，钻孔单位涌水量0.0113～0.0174L/(s·m)，水质为 HCO_3—$Ca·Mg$ 型。在较大的沟谷中多有地下水露头，李家沟沟口泉水流量2～3L/s，安庄泉流量0.91L/s。天池川一带煤系地层埋藏浅，风化裂隙较发育，含水性好，多为小窑充水之来源。

裂隙潜水的补给主要来自大气降水，水量随季节变化大，雨季泉水四溢，旱季流量变小甚至断流。

4.2.2.3 石炭二叠系裂隙承压水

含水岩组主要为二叠系山西组和石盒子组数层砂岩及石炭系太原组薄层灰岩。其含水性主要取决于岩层厚度和裂隙发育程度。据煤田水文钻孔资料，二叠系砂岩含水组钻孔单位涌水量为0.0043～0.0221L/(s·m)，渗透系数0.0004～0.344m/d；太原组石灰岩含水组，单位涌水量为 0.00022～1.007L/(s·m)，渗透系数 0.0045～23.45m/d。在西山区的东部由于埋深较大，太原组数层灰岩的裂隙发育程度和富水性远不如西部。如 Z－8 号孔煤系地层简易抽水试验，钻孔单位涌水量仅 0.007L/(s·m)。在雁门炉峪口一带，特别是靠近汾河的钻孔，太原组灰岩裂隙岩溶较为发育。如煤田水文孔 834 号孔，太原组 K2 灰岩，富水性好，水位高出地表 4.73m，水压标高 1025.52m，单位涌水量 1.007L/s。裂隙承压水主要接受裂隙潜水及大气降水补给，沿汾河地段地表水体通过断裂和裂隙补给各含水层。水质类型为 $HCO_3·SO_4—Ca·Mg$ 型水。

4.2.2.4　第四系孔隙潜水

汾河是西山地区最大的河流，近代河床冲积层厚度 8.15～39.02m，一般厚 20～30m，岩性为砾石、卵石、砂层夹透镜状黏土，透水性良好，富含潜水。汾河其他支流，如天池河、狮子河、屯兰河、原平河及大川河，均有厚度不同的河床沉积，但厚度较小，补给来源差，富水性不如汾河河床。汾河冲积层潜水，为工农业和民用水的主要水源。根据民井调查，水位较浅，一般 3～5m，水位随季节变化，同时受汾河放水的控制，放水期水位抬高。根据煤田对孔隙潜水位的长观资料，下雁门水井最高水位和最低水位相差 3.08m。

孔隙潜水补给来源以大气降水和地表水为主。其主要排泄途径是蒸发和工农业取水，水质类型为 $HCO_3—Ca·Mg$ 型，总硬度 265.61～414.66mg/L（$CaCO_3$ 计），矿化度 0.342～0.549g/L，pH 值 7.6～7.8。

4.3　地　层　与　构　造

4.3.1　地层岩性

实习区内地层发育较全，露头良好。由老到新有太古界界河口群、元古界长城系、古生界的寒武系、奥陶系、石炭系、二叠系，中生界的三叠系，新生界的第四系。界河口群、长城系、寒武系和奥陶系主要分布在本区西部高山地带，以榆林沟、陈台沟一线以西发育较好；石炭系、二叠系、三叠系分布在西冶川河两侧，以寺沟露头发育最好；第四系分布在西冶川河两侧的山梁上和沟谷中。地层在狐偃山主峰至水峪贯一带地层走向近东西分布。本区地层主要特征如下。

1. 太古界界河口群（Arj）

出露于西野川河西部，为一套变质片岩、片麻岩、变粒岩及大理岩。其总体特征如下。

（1）云母片岩较发育，并与变粒岩呈韵律交替出现。

（2）大理岩层数较多，常富含石墨。

（3）变质程度较高，属角闪岩相至麻粒岩相，并普遍受到强烈的混合岩化作用。

（4）构造复杂，常见小型肠状褶皱和柔性流动。

榆林沟一带常见黑云母斜长片麻岩、混合花岗片麻岩、石榴石长英变粒岩、黑云片岩、角闪岩及大理岩等，并有伟晶岩、细晶岩及辉绿岩脉侵入，见图 4.7。

地貌和植被特征：地貌常形成开阔的山谷多不具陡壁的山峰。植被发育，常有松、柏、柞树等针、阔叶树种（图 4.8）。

图 4.7　太古界界河口群变质岩

2. 中元古界长城系（Z_1h）

　　位于西冶川河西部，不整合覆盖在界河口群之上，是一套紫红色、粉红色厚层细粒石英岩状砂岩，石英多重结晶，交错层理及波痕发育，有的地段见一层 20cm 的含砾石英岩状砂岩，并夹数层紫红色页岩，总厚 30m 左右（图 4.9）。

图 4.8　太古界界河口群地貌与植被

地貌与植被特征：在倾向一侧山坡较缓，在相反的方向上形成近垂直地面的陡壁；缓坡上植被发育。时代：寒武系沉积的边缘相。

3. 古生界寒武系（$\in_2$）

区内缺失下寒武统，只有中寒武统徐庄组、张夏组，上寒武统崮山组、长山组及凤山组，分布于本区西部，与霍山砂岩呈平行不整合接触，榆林沟 Arj—Z_1h—$\in_2$ 剖面示意图见图 4.10；岩性主要为紫红色砂质页岩、鲕状灰岩、白云岩及竹叶状灰岩，总厚可达 180m。

（1）中寒武统徐庄组（$\in_2x$）。本组厚度 45m，最下部为暗紫红色底砾岩，向上为紫红色页岩和薄层状细砂岩互层，上部为灰色鲕状灰岩和白云质泥质灰岩，薄层灰岩。地貌和植被上表现为洼地，且植被发育，见图 4.11。

图 4.9　中元古界长城系

（2）中寒武统张夏组（$\in_2z$）。本组厚 55m，下部为灰色薄层状含白云质泥质灰岩与钙质页岩互层，中部为灰色薄层状含白云质泥质灰岩，夹中厚层状鲕状灰岩及钙质页岩，上部为深灰色巨厚层状鲕状灰岩，夹四层薄层灰岩；含三叶虫化石。地貌特征：形成沟内最大的陡壁。鲕状灰岩见图 4.12。

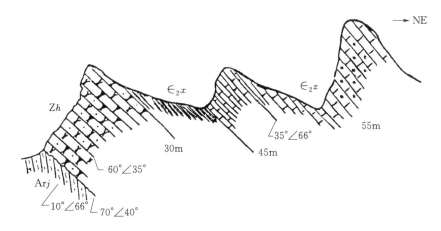

图 4.10　榆林沟 Arj—Z₁h—∈₂剖面示意图

图 4.11　中寒武统徐庄组

图 4.12　鲕状灰岩

（3）上寒武统崮山组（∈₃g）。本组地层厚度 26m，底部为灰紫色钙质页岩夹透镜状灰岩，中上部为灰白色钙质页岩和薄层状灰岩互层，最上部为深灰色薄层状灰岩夹四层竹叶状灰岩。"竹叶"具氧化圈，薄层状灰岩夹四层竹叶状灰岩见图 4.13。

（4）上寒武统长山组（∈₃c）。本组地层厚度仅 7m，为竹叶状灰岩夹薄层二淡灰色泥质白云岩，"竹叶"具氧化圈。在地貌特征上与崮山组一起形成缓坡，三山组剖面图见图 4.14，三山组见图 4.15。

（5）上寒武统凤山组（∈₃f）。本组地层厚度 38m，下部为灰白色薄层状细晶质砂糖状白云岩，上部为灰白色巨厚层状中至细粒结晶质白云岩，不含化石；地貌特征为陡壁。

图 4.13　薄层状灰岩夹四层竹叶状灰岩

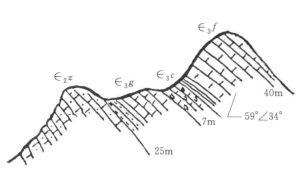

图 4.14　三山组剖面图　　　　　　　　　　图 4.15　三山组

4. 奥陶系

实习区的奥陶系主要分布在西部，与下伏寒武系整合接触，为浅海环境的沉积地层。地层划分为三组八段，总厚度为 467m；本区缺失上奥陶统。

（1）下奥陶统（O_1）（未分组，相当于冶里组和亮甲山组）。厚度近 60m，下部为灰黄、灰绿色薄层状白云岩夹少量燧石条带，中部为灰色、灰黄色薄层白云岩和厚层白云岩互层，夹白云质页岩、假竹叶状灰岩；上部为灰色、灰黄色白云质灰岩夹燧石条带和结核，下奥陶统见图 4.16。

图 4.16　下奥陶统

图 4.17　中奥陶统下马家沟组

（2）中奥陶统下马家沟组（O_2x）。本组厚度为 120m。下段（O_2x^1）厚度 64m，主要为白云质角砾白云岩和白云质灰岩，底部为白云岩。中段（O_2x^2）厚度为 26m，主要为白云岩和灰岩，向上部白云质减少，泥质增多。上段（O_2x^3）厚度 29m，下部为白云质灰岩、白云岩互层，中、上部为厚层致密状灰岩，向顶部变薄，泥质增多，具蠕虫状构造。中奥陶统下马家沟组见图 4.17。

（3）上马家沟组（O_2s）。本组厚度为 290m。

下段（O_2s^1）厚度 47m，主要为灰白色角砾状白云岩。中段（O_2s^2）厚度 100m，为灰色豹皮灰岩，夹厚层或薄层灰岩。上段（O_2s^3）厚度 74m，为灰白色薄层角砾状白云岩与灰色中薄层灰岩互层，向上层理变厚，泥质增多，呈豹皮状构造，中奥陶统上马家沟组见图 4.18。

图 4.18　中奥陶统上马家沟组

（4）峰峰组（O_2f）。本组发育不全，厚度为 67m。下段（O_2f^1）厚度 37m，为黄色、灰白色角砾状灰质白云岩，白色、灰白色文石层，上部为灰色薄层状泥灰岩类中厚层状灰岩，中奥陶统峰峰组下段见图 4.19。

图 4.19　中奥陶统峰峰组下段

上段（O_2f^2）厚度为 30m，为深灰色厚层状灰岩，具蠕虫状混质条带，顶都有少量泥质、白云质灰岩，中奥陶统峰峰组上段见图 4.20。

图 4.20　中奥陶统峰峰组上段

5. 石炭系

石炭系与下伏地层峰峰组为平行不整合接触。

(1) 中统本溪组 (C_2b)。本组分为两段，总厚度 15m。下段（铁铝岩段 C_2b^1）厚度为 4.7m，下部为红褐色铁质泥岩（即山西式铁矿），表面风化为黄褐色松散的褐铁矿；向上为灰色铝土岩，灰白色铝质泥岩，石炭系中统本溪组下段见图 4.21。

图 4.21　石炭系中统本溪组下段

上段（畔沟段 C_2b^2）厚度为 11m，下部为砂质泥岩，向上为灰白色泥岩，含少量植物根、茎化石碎片，灰白色铝质泥岩，含少量植物化石碎片，灰色生物碎屑泥晶灰岩；顶部为黑色铝质泥岩，含植物化石碎片，石炭系中统本溪组上段见图 4.22。

(2) 上统太原组 (C_3t)。本组地层分三段，总厚度 92m，与本溪组整合接触。

晋祠段 (C_3t^1) 底部为晋祠砂岩（图 4.23），向上为灰黑色泥质粉砂岩、灰色生物碎屑泥晶灰岩（吴家峪灰岩，见图 4.24），含䗴类及腕足类动物化石。顶部为黑色铝质泥岩，含大量植物根、茎化石碎片。

图 4.22　石炭系中统本溪组上段　　　　图 4.23　晋祠砂岩

毛儿沟段 (C_3t^2)：底部为灰色中—细粒长石石英砂岩（西铭砂岩，见图 4.25），向上为粉砂质泥岩，夹页岩、菱铁矿结核和砂岩透镜体，富含植物化石（菊花石化石见图 4.26）。8 号煤层，黑色泥岩、含菱铁矿结核（图 4.27），夹一层根土岩和砂岩透镜体，含生物潜穴，毛儿沟灰岩，含䗴、腕足、珊瑚、海百合茎等化石（植物茎化石见图 4.28）；煤线、斜道灰岩（图 4.29），向上为海相泥岩多含动物化石，7 号煤。

图 4.24 吴家峪灰岩

图 4.25 西铭砂岩

图 4.26 菊花石化石 　　　　图 4.27 黑色泥岩、含菱铁矿结核

图 4.28 植物茎化石 　　　　图 4.29 斜道灰岩

东大窑段（C₃t^3）：下部为七里沟砂岩（图 4.30），向上为灰黑色泥质粉砂岩，6 号煤，顶部为东大窑灰岩（图 4.31）。

图 4.30　七里沟砂岩　　　　　　　　图 4.31　东大窑灰岩

6. 二叠系

本组地层划分为 4 个组。

（1）下统山西组（P₁s）。本组地层与下伏地层整合接触，总厚度 60m。下部以黑色、黑灰色的泥岩为主，夹薄层状中厚层状砂岩，并夹 1～3 号煤层，泥岩中常含大量植物化石。中上部以砂岩为主，夹泥岩、砂质泥岩和 2～3 层煤线。

（2）下统下石盒子组（P₁x）。本组与下伏地层整合接触，总厚度 60m，是一套砂岩为主的地层，主要是底部为灰黄色中粒长石石英砂岩（骆驼脖子砂岩，见图 4.32），向上为砂岩和深灰色、黑灰色泥岩及页岩互层，夹 10 余层煤线。上部为巨厚层状黄色长石石英砂岩，夹少量薄层状泥岩、页岩，页岩中含大量的植物叶、种子等化石。

图 4.32　骆驼脖子砂岩

（3）上统上石盒子组（P₂s）。本组与下伏地层整合接触，总厚 270m，分为 3 段。

1）下段（P₂s^1）：厚 121m，底部为巨厚层状紫斑泥岩（桃花泥岩，由于构造原因未见底），夹 1～2 层锰铁矿层（图 4.33）。向上为紫色，灰绿色、蓝灰色泥岩、砂质泥岩夹砂岩，顶部为灰黑色砂岩及杂色砂质泥岩互层，含有大量的化石。

图 4.33　桃花泥岩与锰铁矿层

2）中段：（P_2s^2）：厚 47m，底部为巨厚层状
灰白色含砾粗砂岩（狮脑峰砂岩，见图 4.34）；
向上为杂色砂质泥岩与砂岩互层，形成独特的
"三道门"，见图 4.35。

3）上段（P_2s^3）：厚 105m，底部为巨厚层状
灰白色含砾粗砂岩，向上为紫色砂质泥岩；中部为
砂岩与杂色泥岩互层，上部为砂岩、杂色泥岩互
层，上石盒子组上段见图 4.36。

（4）石千峰组（P_2sh）。本组与下伏地层整合
接触，总厚度 110m；是一套灰红色巨厚层状长

图 4.34　狮脑峰砂岩

石石英杂砂岩与深紫色砂质泥岩的互层（图 4.37），下部夹 1～2 层紫红色含砾硅质胶结砂
岩（图 4.38），上部至顶部的砂质泥岩中钙质结核呈透镜状、似层状分布，有 6～9 层，是
本组与上覆地层区别的标志。

图 4.35　杂色砂质泥岩与砂岩互层"三道门"

图 4.36　上石盒子组上段

图 4.37　杂砂岩与砂质泥岩互层

7. 三叠系

本系在实习区出露有下统刘家沟组和尚沟组，中统二马营组。

（1）下统刘家沟组（T_1l）。本组与下伏地层整合接触，总厚 450m。本组地层下部为巨厚层状粉红色长石砂岩（图 4.39）、夹薄层状紫红色泥、页岩，中部为巨厚－厚层状粉红色长石石英砂岩夹中到薄层状泥岩、页岩，上部为厚层状砂岩夹中厚层状泥岩、页岩。砂岩具大型板状交错层理、单向斜层理（图 4.40）、变形层理、平行层理等，顶部含"同生砾岩"（图 4.41）或"砂球"；层面构造发育，如大型泥裂（图 4.42）、波痕（图 4.43）。泥岩的层数自下而上增多增厚，含孢粉化石。

图 4.38　紫红色含砾硅质胶结砂岩

（2）下统和尚沟组（T_1h）。与下伏地层整合接触，总厚 112m。本组地层以紫红色泥岩为主，下部以一层含泥砾、砂球的紫红色细砂岩与下伏地层分界；砂岩的层数和厚度自下而上变少、变厚，泥岩的层厚与数量自下而上由少变多，含孢粉化石。下统和尚沟组见图 4.44。

（3）中统二马营组（T_2er）。本组厚度不详，在实习区内未见顶，与下伏地层和尚沟组整合接触（图 4.45 和图 4.46）。下部以灰绿色长石杂砂岩为主，夹有紫红、黄绿、灰紫色泥岩和砂质泥岩，含有较丰富的孢粉化石。向上泥岩成分增多，砂岩中常见生物钻孔。

图 4.39 巨厚层状长石砂岩

图 4.40 斜层理

图 4.41 同生砾岩

图 4.42 泥裂

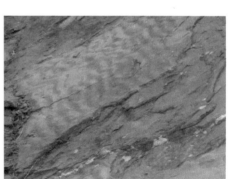
图 4.43 波痕

8. 第四系

实习区内主要是 Q_3 的马兰黄土和 Q_2 的离石黄土，以及沟谷中和谷坡地带 Q_4 的冲洪积物。Q_3 的分布较广，Q_2 分布在 1300m 高程线以上。

图 4.44　下统和尚沟组

（1）上更新统（Q^{dl+pl}）。主要出露于河流两侧山坡及沟谷内。岩性以灰黄色亚砂土、粉细砂为主，夹青灰色淤泥质黏土，局部夹有薄层砂砾岩透镜体，厚度一般为 20～30m，局部达 60～70m，由北向南厚度变薄。山区为风积粉砂质黄土，形成黄土梁峁地貌。

（2）全新统（Q^{al}）。分布于河流两侧及山前地带，是组成河流一级阶地及山前洪积倾斜地形的主要地层。冲积层分布于河流两侧，组成河流一级阶地和河漫滩，沉积物具明显二元结构，上部为亚砂土，下部为砾石层，第四系全新统见图 4.47。

图 4.45　寺沟向斜核部和尚沟组与
二马营组整合接触

图 4.46　小水沟和尚沟组与
二马营组整合接触

图 4.47　第四系全新统

4.3.2　地质构造

实习区的地质构造主要由近南北向延伸的水峪贯向斜与若干不同方不同类型的断裂构造组成（图 4.48）。

1. 水峪贯向斜

该向斜北起王文村，向南经陈台、水峪贯、鲁沿、直至西社村以南，全长约30km，总体呈近南北向延伸并向南倾伏，但枢纽的倾伏及延伸方向在各段都有一定程度的变化。在王文村一带，枢纽呈北北东向延伸，向南倾伏；在陈台以北地区，枢纽呈近南北向延伸，向北倾伏；陈台以南地区，枢纽呈北北西至北西向延伸，向南倾伏；鲁沿以南地区，枢纽又变为近南北向延伸，并逐渐向南缓缓仰起。该向斜在平面上枢纽呈"S"形弯曲，在纵剖面内枢纽呈宽缓的波状起伏。该向斜的核部发育有一个幅度不大的背斜，使向斜的剖面形态呈"W"形。特别在北部仰起端表现得更为明显，小背斜宽度达30m左右（图4.49）。

在水峪贯村附近该向斜的核部地层为三叠系二马营组 T_2er（图4.50），两翼依次出露三叠系和尚沟组、刘家沟组，二叠系石千峰组、上石盒子组、下石盒子组、山西组，石炭系太原组、本溪组及奥陶系等。鲁沿村以南，向斜东翼地层倾角变缓，故未见二叠系及以下地层出露。

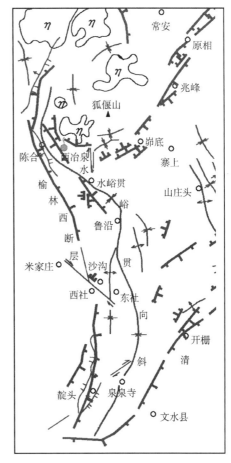

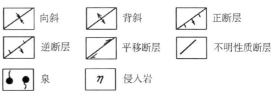

图 4.48　区域构造图

该向斜北部的横剖面形态与南部明显不同，在鲁沿以北地区，该向斜为一个直立对称褶皱，其西翼的代表性产状为64°∠42°，70°∠30°，74°∠46°和101°∠35°，东翼的代表性产状为223°∠30°，236°∠40°，207°∠43°和219°∠38°，即两翼倾角基本相同。在鲁沿以南地区，该向斜西翼变陡，东翼变缓，成为两个不对称褶皱，其西翼的代表性产状为78°∠30°、99°∠28°、81°∠45°和96°∠35°，东翼的代表性产状为238°∠7°、257°∠10°、277°∠18°和251°∠14°。

2. 断层

实习区分布有不同规模、不同产状的正断层、逆断层、平移断层。

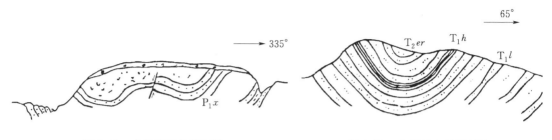

图 4.49　水峪贯向斜仰起端　　　　　　　图 4.50　水峪贯向斜转折端

（1）正断层

1）西孟正断层。该断层位于西孟村附近，西起西孟村西，向东延伸至大水村以北，再向东被黄土掩盖，可见长度为 2km 左右。该断层走向东西，倾向南，倾角 60°~70°。上盘为上石盒子组地层，产状为 182°∠29°~179°∠6°；下盘为下石盒子组地层。产状为 178°∠23°。地层断距约 80m。该断层在西孟一带出露良好，可见，主断面及 1~2 条断距不大但与主断面平行的次一级伴生断层，西孟断层见图 4.51，在寺沟内可明显地看到上盘中有牵引现象。

2）水峪贯断层。该断层可分为南、北两段（图 4.52）。

南段：南起于鲁沿村附近，沿西冶川西坡向北西延伸至水峪贯村附近，长约 5km，断层倾向北东，倾角 60°~70°。其上盘下降，主要为二马营组，并零星出露和尚沟组；下盘上升，主要为刘家沟组，并零星分布有和尚沟组，之间地层缺失。据缺失地层厚度估算，地层断距约 150m 左右。

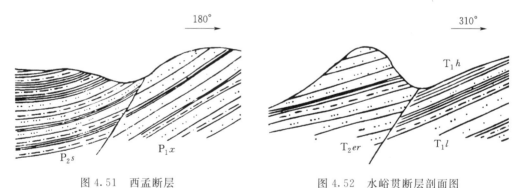

图 4.51　西孟断层　　　　　　　　　　图 4.52　水峪贯断层剖面图

北段：自水峪贯村往北，该断层隐伏于西冶川河床沉积物之下，成为隐伏断层，其延伸长度及断距不易确定，可大致推断其延伸长约 5~6km。断距向北逐渐变小直至消失。

3）后官庄断层。该断层西起后官庄以西，向北东东向延伸，经石家岭至东坡村以北附近消失。全长 7~8km。断层走向北东东，倾向南南东，倾角 60°~70°。其下盘地层主要为上石盒子组下段；上盘地层主要为上石盒子组上段。该断层中部的地层断距最大，可达 100m；向东断距逐渐变小以至消失；其西端则可能与西孟断层相接。该断层的走向及倾向亦与地层的走向与倾向接近一致。

4）寺沟西梁下石盒子组中的小型阶梯状断层。在寺沟西梁的下石盒子组中发育有一组小型的正断层组，其特征是所有的断层产状均为东西走向，且向北倾，与地层的倾向正好相反，构成阶梯状断裂。断层面平均倾角1°～15°，且稍具上陡下缓的梨式特征。断距都不大，在1～3m之间，断层总条数达10条以上。断层的两盘都有牵引现象。

（2）逆断层。实习区逆断层较少，且主要分布在西部边缘地带。

1）山前大断裂。该断裂位于本区西部边缘，北起寨立，向南经逐沟、陈台、榆林、西社，直至文水县神堂一带，被晋中盆地西北边缘的清交断层切断，长约40km。断层的延伸与水峪贯向斜近于平行，在陈台以北地区，断层走向近于南北，且稍向西凸出，陈台至西社一带断层的走向为北北西向，西社以南断层呈近南北向延伸，且稍向东凸出，因而在平面上构成"S"形。断层的北端，其上、下盘地层皆为奥陶系。以南的绝大部分地段西盘多为奥陶纪灰岩，东盘则多为石炭、二叠系。由于断层通过的大部分地段山高林密，故断层面多被植被掩盖，断层直接出露地点极少，难以确切说明断层的倾向、倾角及它们的变化情况。根据个别地点的出露情况、派生构造及航片的判别，可大致看出该断层南、北两段的产状有差别。

南段：指西社及其以南一段。表现为高角度的正断层。西社附近的断层自然剖面（图4.53）说明断层面倾向东，倾角70°左右。上盘为下石盒子组；下盘为中奥陶统，故上盘下降，下盘上升，造成地层的缺失，地层断距约为100m。

北段：指西社以北一段。该段表现为断层面向西倾，上盘上升下盘下降的逆断层。陈台村西发育在该断层东盘的派生构造示意见图4.54。此部位发育有两条小型逆断层，均向西倾，倾角10°～15°，上盘上升，造成太原组灰岩的重复出露。在小断层的下盘，下石盒子组底部的骆驼脖子砂岩受逆断层的牵引，发生倒转形成小型平卧褶曲。根据这些派生构造亦可推断出：该断层上盘（西盘）上升，属于逆断层，地层断距100m左右。综上所述，该断层的北段断层面西倾为逆断层，南段断层面东倾为高角度的正断层，在三维空间上断层面为一个扭曲的挤压面。

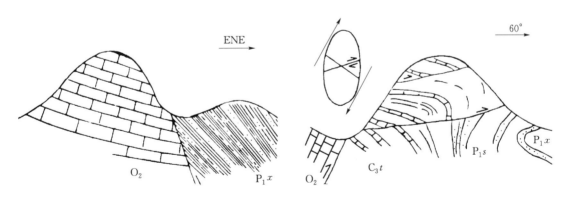

图4.53　西社附近断层自然剖面示意图　　　　　图4.54　派生构造示意图

2）陈台逆断层。位于山前大断裂以东，南起榆林村西，北经陈台村西，直至古洞道村西逐渐消失，延伸方向为北北西，与山前大断裂平行展布，长约5km。该断层的断层面倾向东，倾角约 80°，为东盘上升的逆断层，两盘的地层在多数地段均为上石盒子组，但在个别地段也有下石盒子组地层的零星出露，表现为地层重复。根据在榆林村西北沟中的观察，该断层为一强烈挤压面，两盘地层产状变化极大，其受力情况与其西部的山前大断裂基本一致（图 4.55）。

3）小型缓倾角逆掩断层。在大水沟的东、西梁上均发现有断距不大的缓倾角逆断层，其共同特点是走向近东西向，倾向南，倾角为 10° 左右，断距 1m 至数米，断层面平整。断层发育在刘家沟组之中，所切地层产状为 174°∠50°，故断层倾向与岩层倾向一致，而断层倾角小于岩层倾角，断层上盘向北逆冲。由于该断层分布在山梁上，上盘多被剥蚀，只残留上盘地层的小岩块孤零零地推复于下盘之上，构成一种很美观的小型飞来峰，刘家沟组中的小型逆断层见图 4.56）。

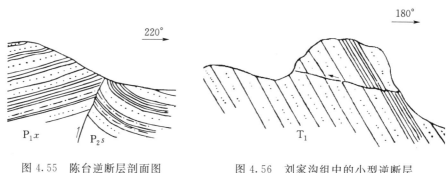

图 4.55　陈台逆断层剖面图　　　　图 4.56　刘家沟组中的小型逆断层

（3）平移断层。在水峪贯向斜东翼的官庄沟、大水沟、寺沟一带，发现有近 10 条平移断层，其延伸方向均在北东 10°～20°，延伸长度一般为 500～1000m，多数断层倾向西，少数断层倾向东，倾角较陡，一般在 70° 以上。这些断层主要切过上石盒子组、石千峰组及刘家沟组等，少数断层还切过了和尚沟组及二马营组。其水平地层断距为 20～100m，断层的错动方向均表现为右行平移，且其走向与地层的走向均近于直交。在个别断层出露点上可以见到断层面上发育有擦痕和阶步，表明了断层两盘右行平移的相对运动方向。此外，在向斜的西翼也有平移断层，其特征是断层走向与地层走向近于直交，为北北东向，断层面陡立，有的表现为左行，有的表现为右行，条数较少。

3. 节理

实习区节理发育，主要有两套，即具有区域性发育特征的早期平面 X 节理及与水峪贯向斜配套的 X 节理。节理的展布特征及分布密度与节理所处构造部位及围岩岩性有较大关系。刘家沟组细砂岩中的节理发育良好且保存良好，岩层面与节理面的夹角多在 71° 以上，属大角度相交。

（1）早期平面 X 节理。早期平面 X 节理是地层最初受到水平挤压时的破裂变形产物，当时地层尚处于水平状态。因而根据它确定主应力方向时，先将此种节理作如下处理：利用赤平投影法将所在节理的岩层转平，并使得节理面随之旋转，得到新的节理产状，这个产状便是岩层未发生倾斜时节理的原始产状。对多处节理量测，处理后可以综合得出：本区一组节理的走向位于 NE38°~47°，另一组节理的走向则位于 ENE106°~119°。它们延伸方位稳定，出露明显，反映了本区发生构造运动的初期，主压应力作用的方向为 ENE—WSW。

（2）与水峪贯向斜有关的节理。此种节理主要表现在节理的展布特征随向斜枢纽的方位及两翼岩层产状而变化，此即节理亦为两组，并呈 X 相交，两组节理的锐夹角平分线所表明的主压应力方向 δ_1 与向斜枢纽及两翼岩层的走向线呈垂直或近于垂直状态。

例如：水峪贯铁厂西侧刘家沟组地层测得岩层产状 56°∠16°，两组节理的代表性产状分别为 158°∠83°和 263°∠87°。此节理的位置靠近向斜枢纽，附近通过的向斜枢纽的延伸方位为 NW313°，根据两组节理的锐角平分线所表明的 δ_1 的水平投影方向为 NE31°~SW221°，与地层走向及枢纽延伸方向均接近垂直。

根据野外观察，其他形式的节理极少出现，这可能是由于前期节理的存在，使得构造应力得到释放，从而难于产生新的节理的缘故。由上可见，早期平面 X 节理形成较早，与水峪贯向斜有关的节理则形成较晚。野外所见也是后者切割前者或被前者所限制。

4.3.3 岩浆岩

本区岩浆岩主要为燕山期偏碱性杂岩体，以狐偃山为中心，主要出露在本区东部屯兰川以南，西冶川以东，水峪贯以北约 200km² 的范围内，有 6 个大小不等、出露面积约 50km² 的偏碱性杂岩体，即郭家梁—上白泉岩体，西冶岩体，席麻岭岩体，东、西高塔昂岩体，北社岩体及科头岩体，其绝对年龄为 1.397 亿年，岩浆活动时间为早白垩世，属燕山期产物。

杂岩体侵入的岩层，自北西向东南由老到新，依次为前寒武系混合杂岩，寒武纪灰岩，早、中奥陶世灰岩，白云岩及石炭-二叠系砂质泥岩，但其主要侵入地层为中奥陶世石灰岩及白云质灰岩，经接触交代作用形成重要的矽卡岩型铁矿。

1. 岩石类型及岩性特征

本区杂岩体按岩性可分为四大类，即二长岩类、霓辉正长（斑）岩类、正长（斑）岩类及石英正长（斑）岩类。

（1）二长岩类。该岩类包括二长岩、斑状似斑状二长岩和二长斑岩，分布面积可达 38.5km²，是本区杂岩体的主要岩石类型，多呈岩株状产出，岩体大而多，是本区矽卡岩型铁矿的成矿母岩。主要矿物为正长石、斜长石、霓辉石、透辉石及少量石英，副矿物常见的有磁铁矿、榍石、磷灰石、锆石等。岩石多具二长结构、斑状结构、似斑状结构、歪正细晶结构等。

（2）霓辉正长（斑）岩类。主要分布在东西高塔崀一带，一般呈小型岩株或岩脉，多侵入于二长斑岩中，分布面积 7.5km²。岩石具明显的斑状结构，斑晶主要为正长石、中酸性斜长石及霓辉石，矿物多呈定向排列；基质主要为正长石，具似粗面结构或歪正细晶结构；副矿物主要为榍石、磷灰石及磁铁矿等。

（3）正长（斑）岩类。主要分布在东、西高塔昂和龙王沟一带，此外在席麻岭也有少量出露。常呈岩床状侵入于石炭—二叠系中，分布面约 3.5km²。岩石常具斑状结构，斑晶主要为正长石，定向排列；基质呈粗面结构；副矿物有榍石、磷灰石、金红石等。

（4）石英正长（斑）岩类。多呈小岩株产出，主要分布在龙王沟东北部，出露面积仅 $0.33km^2$。岩石多具斑状结构，斑晶主要为正长石和更长石，一般无定向排列；基质除正长石、更长石外，尚有 15% 的石英，具显微镶嵌—显微花岗结构；副矿物有萤石、榍石、磷灰石、磁铁矿等。

2. 西冶岩体分布及岩性特征

西冶岩体位于实习基地的北部 3～4km，是实习中重点参观内容之一。该岩体出露面积约 $6km^2$，岩体形态呈蘑菇状，中心部分较厚，边缘呈舌状向围岩——中奥陶统石灰岩斜插。

岩性主要为二长岩，根据结构、构造和暗色矿物含量的不同，又可分为等粒状透辉二长岩、似斑状二长岩、斑状二长岩和等粒状闪辉二长岩。

闪辉二长岩是岩体的中心相，仅见于钻孔的深部。岩石呈浅灰红色，微带绿色，细粒等粒状结构，块状构造。主要矿物有斜长石（40%～50%）、钾-钠长石（<40%），次要矿物有角闪石（5%）、普通辉石（3%）及少数石英，副矿物有钻石、磷灰石，次生矿物有绿帘石、方解石、绿泥石、葡萄石、绢云母等。地表所见大部分已发生次生变化，暗色矿物多已分解，斜长石脱钙变为钠长石、方解石和葡萄石的集合体，岩石颜色变浅。

似斑状二长岩是等粒状闪辉二长岩的边缘相，最为常见，岩石呈浅灰红—浅灰白色，具似斑状结构，斑晶为钾—钠长石及少数的斜长石，粒径可达 10～20mm，暗色矿物为霓辉石、透辉石。岩石中常见石榴石及绿帘石细脉。

3. 接触交代变质岩——矽卡岩

本区二长岩体侵入于奥陶纪石灰岩中，在其接触带常发生接触交代变质作用，形成矽卡岩及矽卡岩型铁矿。

在西冶岩体与石炭岩的接触带，常见的矽卡岩类型主要有透辉石矽卡岩、绿云母矽卡岩、透辉石-绿云母矽卡岩、石榴石矽卡岩、方柱石矽卡岩及硅灰石矽卡岩等，铁矿多与透辉石-绿云母矽卡岩有关，该类矽卡岩越厚之处，铁矿越厚，矿石质量也越好。

在岩体与围岩的内接触带，二长岩具明照的退色现象，暗色矿物普遍变浅，斜长石广泛发育钠长石化、方柱石化，形成蚀变二长岩。

矽卡岩形成于接触带一定范围内，一般内带不超过 10m，外带不超过 50m。在内矽卡岩带很窄的情况下，外矽卡岩带也可以很宽，有时可达 200～300m。矽卡岩型铁矿多赋存在外矽卡岩带的中部或顶部。

4.4　地　质　灾　害

4.4.1　西家岭滑坡

西家岭滑坡位于交城县西社镇西家岭村，地貌属于构造剥蚀中低山区，山坡相对高差大于 50m，坡度 40°～60°，坡体剖面呈台阶状。滑坡体地表为第四系上更新统黄土，下伏二叠系石千峰组砂岩、砂质泥岩，滑床为二叠系石千峰组红色泥岩。滑坡体长 300m、宽 300m、厚 35m、坡度 40°，滑坡面积 9 万 m²，总体积 110 万 m³，属于大型滑坡。西家岭村滑坡自 1987 年秋开始活动以来，稳定性逐年降低，危险性进一步增大。

滑向为 290°，坡体总共由 7 个台阶够成，第二个到第六个台坎上有住房，全村共 30 多户 150 多人（现已搬迁）。为顺层滑坡，第一、二、三个土坎壁上有突水口（洞），前缘基岩走向 150°～160°，基岩倾角为 15°，基岩基本上连续完整，坡体上住房有裂缝发生，较为严重。坡顶有约 5000m² 的平台，从 1987 年开始陆续出现 5个规模较大的落水洞，初步分析为排水不畅所致。西边山坡汇水面积约为 2500m²，北边山坡汇水面积约为 2000m²，且山坡脚的排水沟几乎没有。西家岭滑坡见图 4.57。

西家岭村倚山坡而建在滑坡体上，降水后在滑坡前缘及台阶处的村民家宅院，可见到冒水冒泥现象。滑坡的活动致使地基下沉，房屋开裂，严重威胁村民的生命财产安全。据调查，该滑坡目前已毁坏房屋 40 间，耕地 100 亩，直接经济损失达 17.0 万元。西家岭村滑坡地势由北向南倾斜，高差达 50 余米，两侧沟谷深切达基岩，前缘雨季有洪水通过。野外实地调查及滑坡前缘地球物理勘探、坑探、槽探的结果表明，滑体由第四系黄土构成，滑床（面）为二叠系上统紫红—灰白色强风化泥、页岩，由北向南倾斜。滑坡后缘黄土冲沟发育串珠状落水洞，溯源侵蚀严重，大气降水特别是暴雨形成的坡面径流，被冲沟及落水洞截流积聚，携带细颗粒物质向下游运移，在覆盖层较薄或陡坎、台阶处成泥浆翻出地表，致使地层空隙增大。在上覆重力的作用下，地面下沉、滑体蠕动、房屋开裂。

西家岭村滑坡形成后，虽然镇政府及村委会多次向上级部门反映，争取治理或搬迁资金，但至今未果，滑坡未采取任何防范、治理措施。在未来降雨作用下，进一步活动的可能性极大。

4.4.2 水峪贯镇东孟地裂缝

东孟地裂缝位于水峪贯镇东孟村，地貌为低中山区，地形陡峻，沟谷切割强烈。地表出露第四系上更新统黄土，下伏石炭、二叠系砂页岩、泥岩、灰岩及煤层。东孟村及其附近地区从 20 世纪 70 年代开始，先后共有 9 座煤矿开采，属于东社矿区。主要开采石炭系太原组中部 8 号、9 号煤层，埋深为 50～60m，从 80 年代开始，采用炮采法开采。因采空区顶板冒落变形、延伸到地表形成地裂缝。地裂缝地质灾害于 1995 年开始在田地出现。

东孟村为煤层采空区。村西 1000 多米的山顶出现群缝，主裂缝长约 100 多米，宽80cm，黄土填埋，缝深不可见底。原水井一米多深即见水，而今当地浅层孔隙和基岩裂隙均无水。东孟村共发育 5 条地裂缝，裂缝间彼此平行，其空间位置对应于采空区。单缝长 3～100m，宽 0.3～0.8m，分布面积 1.5km²。目前已造成 100 余间房屋、500 亩耕地不同程度的受损，造成 3 眼水井干枯，直接经济损失达 78.99 万元。东孟地裂缝见图 4.58。

图 4.57　西家岭滑坡

图 4.58　东孟地裂缝

参 考 文 献

［1］ 韩云燕，魏小刚，李鹏．水峪贯地区王文二长岩体矿物学特征研究［J］．西部资源，2014（3）：
    159－161．

［2］ 何晓东．山西交城水峪贯区域构造及地貌形成因素分析［J］．吉林地质，2013，32（4）：23－26．

［3］ 苏朴，樊行昭，史瑞萍．山西交城水峪贯三叠系下统磁性地层学研究［J］．地球物理学报，2001
    （2）：219－227．

［4］ 武永强，吴卓丹．水峪贯地区奥陶系下统白云岩地球化学特征的研究［J］．山西矿业学院学报，
    1995（3）：219－224．

［5］ 贾丙文，李克．吕梁山中断水峪贯地区地质综合研究［M］．北京：科学出版社，1993．

附表 地层实测剖面记录表

剖面代号：　　　　剖面名称：　　　　起点高程：　　　　剖面总方向：　　　　终点高程：

1	2	3	4	5	6	7		8	9		10	11	12	13	14
导线号	导线长 /m	导线方位 /(°)	坡角 /(°)	分层号	分层斜距 /m	产状		岩性描述	标本、样品		导线方向与岩层倾向夹角 /(°)	厚度① /m	分层厚度 /m	组段厚度 /m	累计厚度 /m
						倾向 /(°)	倾角 /(°)		编号	位置 /m					
	L	B	β	①②	l	A	α	颜色、厚度、岩石定名……	F、R…		$\gamma=A-B$	d			
0-1															

15	16	17	18	19	20	21	22	23	24	25
总方向与导线方位夹角 /(°)	斜平距 /m	分层平距 /m	视平距② /m	分层视平距 /m	累计视平距 /m	视坡角④ /(°)	高差 /m	累计高差 /m	总方向与倾向夹角 /(°)	视倾角③ /(°)
ε	$L'=L\cdot\cos\beta$	$l'=l\cdot\cos\beta$	$L''=L'\cdot\cos\varepsilon$	$l''=l'\cdot\cos\varepsilon$	$\sum L''$	β'	$H=l''\cdot\tan\beta'$	$\sum H$	ε'	α'

记录者：　　　　日期：　年　月　日　　　　计算者：　　　　日期：　年　月　日

第　　页

注 1～9项必须在野外完成，10～25项在室内完成。

① 厚度也可按公式 $d=l\,|\sin\alpha\cdot\cos\beta\cdot\cos\gamma\pm\sin\beta\cdot\cos\alpha\,|$ 米计算，当岩层倾向与地面坡向相反时取"＋"，当岩层倾向与地面坡向一致时取"－"。

② 视平距为斜平距沿剖面总方向的投影长。

③ 视倾角按公式 $\tan\alpha=\tan\alpha\cdot\cos\varepsilon'$ 计算。（ε'为倾向与剖面总方向的夹角）

④ β'为视坡角：把坡角当作"真倾角"，把ε当作"岩层倾向与剖面方向的夹角"，在倾角换算表中查出，也可用公式 $\tan\beta'=\tan\beta\cdot\cos\varepsilon$ 计算出。

96